Tsuda Yoko's POUND CAKE recipe

Tsuda Yoko's POUND CAKE recipe

Tsuda Yoko's POUND CAKE recipe

Tsuda Yoko's POUND CAKE recipe

1個模具作40款
百變磅蛋糕

POUND CAKES

一 起 度 過 烘 焙 飄 香 的 幸 福 每 一 天 ！

津田陽子──著

前言

磅蛋糕是非常單純的甜點。

只需要準備磅蛋糕模型、
蛋、砂糖、麵粉、奶油等四種材料。

簡單混合水分飽滿的蛋和充滿油脂的奶油
就能烤出如同早餐所食用的美味麵包般，
蓬鬆柔軟的磅蛋糕。

「蜂蜜蛋糕加了奶油一定更好吃！」
這是我自幼以來的認知。
而這樣的想法，也成為我製作甜點的初衷。

這道磅蛋糕的滋味，
如同我所構想的，
在充滿著大量奶油的蜂蜜蛋糕上，
增添全蛋作出濕潤溫和口感。
磅蛋糕可說是從追求濕度高、甜點口感「溫和」的日本文化中，
所催生出的西式甜點。
為了讓感官能充分體會它濕潤的觸感，
請豪邁地切成厚片，大口品嚐吧！

這個週末，
您想烤哪一種磅蛋糕呢？

CONTENTS

A2 以〔打發奶油＋蛋白霜〕製作。 36

B1 以〔融化奶油＋全蛋〕製作。 46

B2 以〔融化奶油＋蛋白霜〕製作。 56

◆本書使用的計量單位為
1大匙＝15ML，1小匙＝5ML。
◆奶油、發酵奶油均為無鹽奶油（不添加鹽），
蛋使用1顆約65g左右的L號蛋。
◆烤箱先預熱至指定溫度。
顯示溫度和烘烤時間因機種不同，
多少會有些差異，書中指示僅作為參考使用。

僅需一個磅蛋糕模型就能製作的甜點。

使用長寬20cm×8cm，高8cm的模型。

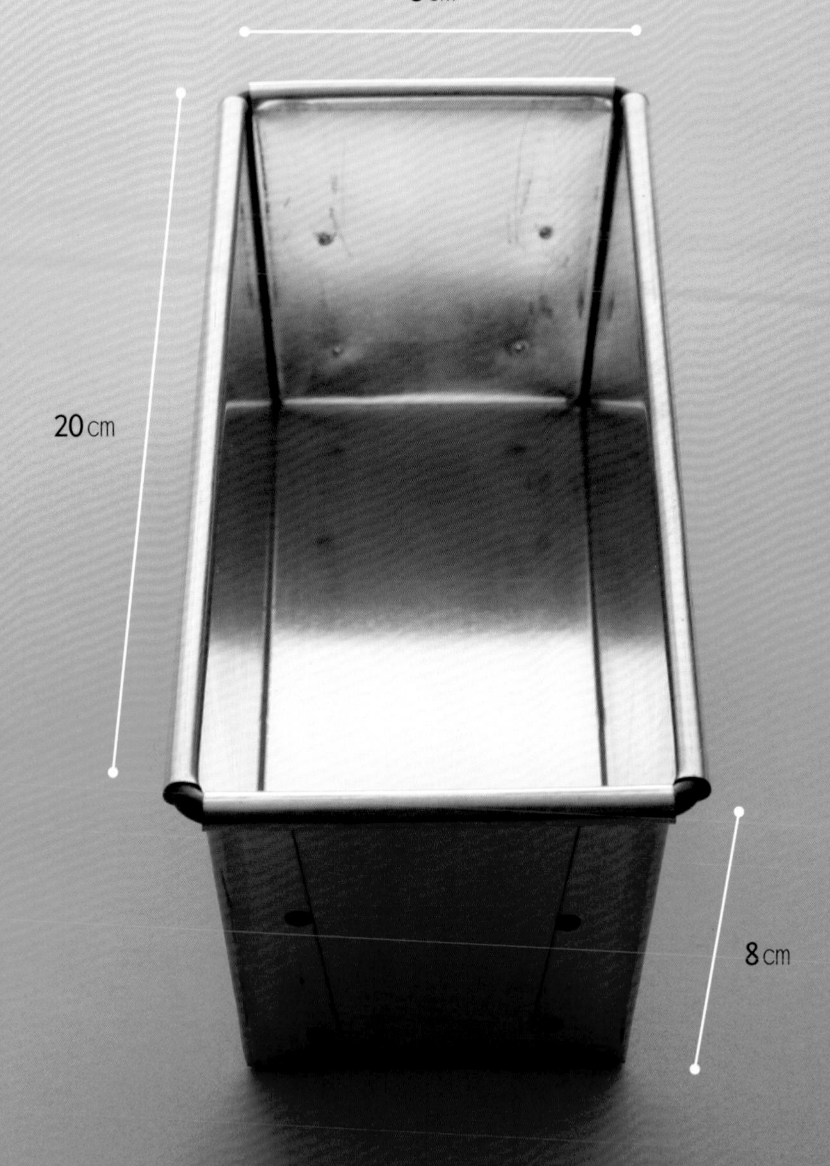

蛋

使用L尺寸（約65g）的新鮮蛋。製作以奶油為基底的麵糊時，蛋要在使用前30分鐘預先從冰箱取出，置於室溫中等候回溫。要製作蛋白霜時，使用冰透的蛋白，氣泡比較細緻，才可以打出穩固的蛋白霜。

砂糖

主要使用糖粉和砂糖。糖粉是以砂糖磨成的細粉，能夠迅速融入奶油中，和其他材料融合。砂糖能夠穩定蛋的氣泡，使蛋和其他材料更容易連結。有時也會使用三溫糖和黑糖等替代。

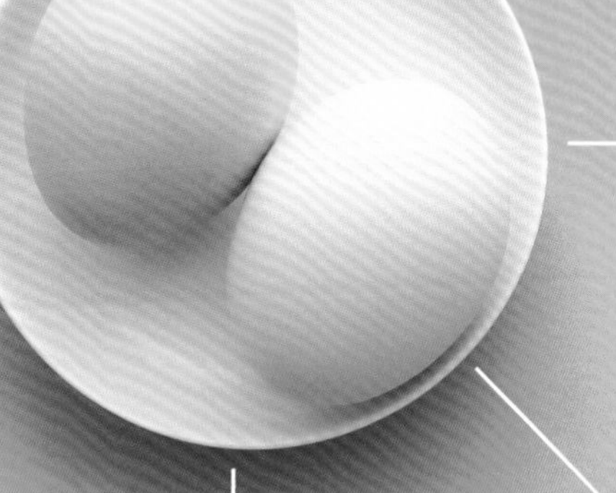

基本的材料只需蛋、砂糖、麵粉、奶油四種。

磅蛋糕是只需要四種基本材料就可以製作的甜點。該如何使材料交融，並帶出它們的美味呢？作磅蛋糕除了能夠學習到製作甜點的技巧，它也是最基本款的甜點，同時還是可以讓人潛心鑽研的美味。

麵粉

使用會產生黏性的低筋麵粉。使用前請先過篩。有時也會加入泡打粉、杏仁粉、鹽等粉類混合。

奶油

使用新鮮的無鹽奶油。發酵奶油的水分含量少，烤完香氣更濃郁。本書中的「法式發酵奶油磅蛋糕」即可品嚐到豐富奶油的濃郁香氣。

磅蛋糕的祕密。

磅蛋糕（四分之一蛋糕）是將蛋、砂糖、麵粉、奶油四種材料混合作成的奶油蛋糕。因為作法簡單，每個家庭都有自己的食譜，最適合在週末時烘烤。手作磅蛋糕與珍視的對象，一同分享品嚐甜點的愉快時光，是象徵幸福的蛋糕。

法式磅蛋糕基本上是使用相同份量的蛋、砂糖、麵粉和奶油四種材料。因為大多使用「融化奶油」，粉類會迅速將奶油吸收，形成厚重的蛋糕體。若在輕鬆的氣氛下享用，會覺得特別美味。蛋糕中隱藏的油脂，讓喉嚨有滑潤的感受。

另一方面，英式或美式的磅蛋糕，通常是先將奶油打成柔軟的乳霜狀再製作，品嚐時能夠充分感受到粉類的存在感。雖然這種作法會作出比較乾鬆的磅蛋糕，但為了合乎日本人的口味，我多花了一些心思，增加能夠保濕的蛋份量。

由於「打發奶油」會影響蛋糕的濕潤度，所以十分重要。

因為蛋的含水量高，如果份量超過奶油的量，容易造成油水分離，兩者若無法相融，蛋糕就會失敗。不過如果預先將奶油打入大量的空氣，氣泡便能將蛋液全部吸收。

事先將蛋加溫也很重要。加入加溫蛋後，奶油會變得比較柔軟，很容易就能吸收蛋液，形成光澤亮麗的美麗麵糊。

打發奶油的方便之處在於可以事先完成，置於冷藏或冷凍備用。冷凍的打發奶油只要放在室溫下回溫，就能恢復成原本柔軟的模樣。

而融化奶油請先將固態奶油切成一公分左右的方塊狀（1個5g），再放入冰箱冷凍，週末時就能輕鬆地拿來烤蛋糕了。

A 打發奶油

將放室溫回溫的奶油以手持打蛋機打發，充分打入大量的空氣。因為可以冷凍保存，多作一點也沒關係。

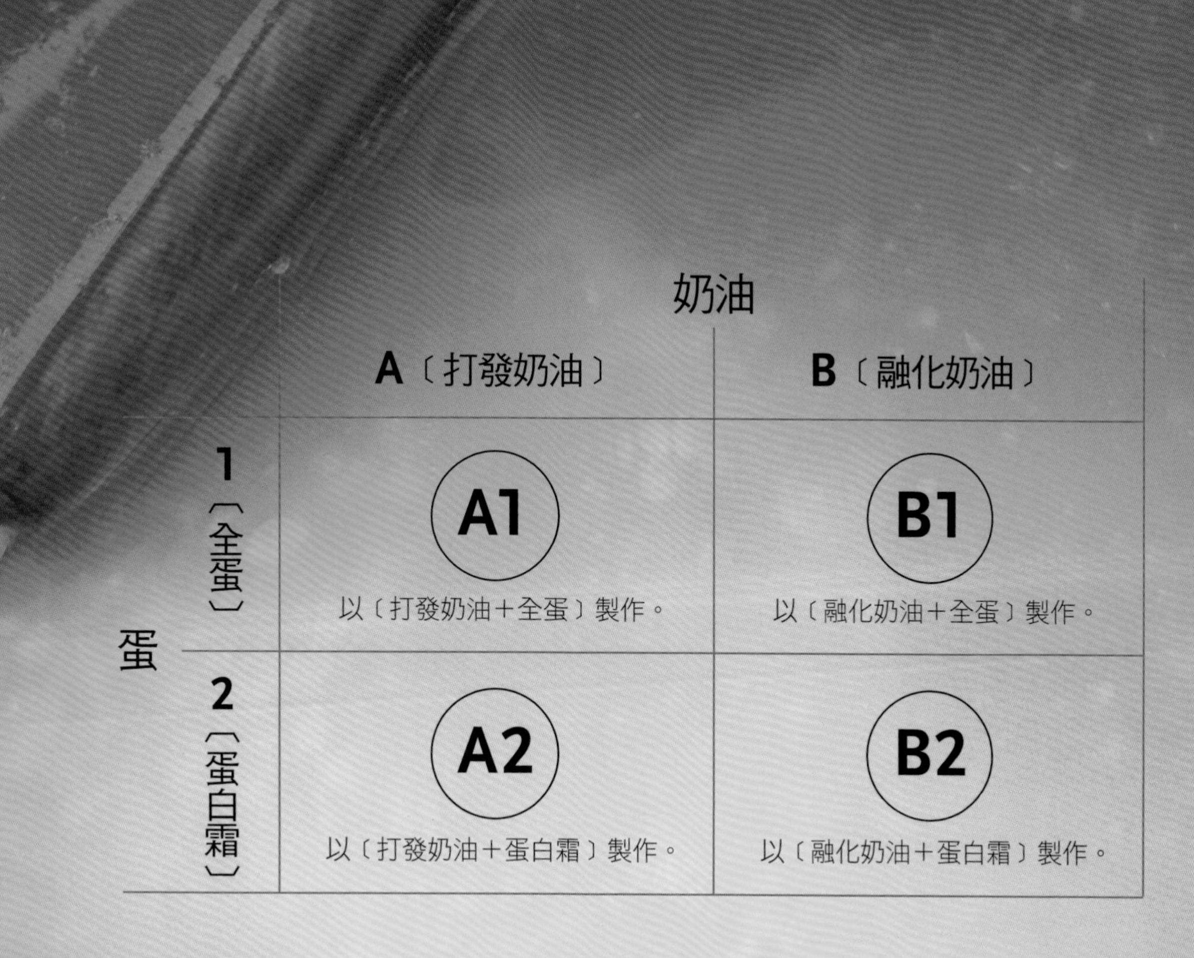

		奶油	
		A〔打發奶油〕	B〔融化奶油〕
蛋	1〔全蛋〕	A1 以〔打發奶油＋全蛋〕製作。	B1 以〔融化奶油＋全蛋〕製作。
	2〔蛋白霜〕	A2 以〔打發奶油＋蛋白霜〕製作。	B2 以〔融化奶油＋蛋白霜〕製作。

「打發奶油」和「融化奶油」。

本書以「打發奶油」和「融化奶油」為主製作麵糊，這兩種奶油會如何與蛋融合呢？要添加打散的溫熱全蛋，還是蛋白霜？兩種奶油加上兩種方法，分為如圖所示的四種麵糊，以下將逐一介紹給大家。

製作的重點，在於先調整溫度再添加材料、隨時注意食材中所含的水量，及在混合材料時多費一些工夫。

B 融化奶油

將切成1cm骰子狀的奶油塊放入調理盆中，隔水加熱。有時也會將奶油和牛奶、奶油和巧克力一起隔水加熱。

獨特配料。

假如隨時備有多種「獨特配料」，就可以配合送禮對象的喜好，或按照自己的心情添加配方，輕鬆享受變換蛋糕風味的樂趣。

製作蛋糕必須使用麵粉，但若將蘋果等新鮮水果直接加入麵糊中，麵粉便會吸收水果中的水分，變成稀釋的麵糊。建議先將新鮮水果以砂糖熬煮，蒸發出一定程度的水分後再使用。

乾果則需要水分，請先以糖漿熬煮吸收水分，或浸漬在洋酒中作成「酒漬果乾」（參考下述作法），這樣較容易和麵糊融合，也較為方便使用。

我的蛋糕食譜中，也有蛋糕是將這些「獨特配料」切成粗塊，和蜂蜜或楓糖一起加熱後，再加入麵糊中。

原理請參考下一頁的「隱藏密技」。

酒漬果乾

將材料逐一放入調理盆中，最後再加入蘭姆酒和白蘭地混合均勻（參閱P.66）。煮沸後倒入保存瓶中即可。

隱藏密技。

本書中的磅蛋糕食譜，因為蛋量超過奶油量，所以會先將蛋液加熱後再加入奶油中，儘管如此，在分成三次至四次添加蛋液的過程中，麵糊也會逐漸降溫。這時成為浮木的，就是蜂蜜和楓糖等能夠保溫的黏性食材了（照片左起為黑糖蜜、煉乳、楓糖漿、水飴、焦糖、蜂蜜）。我們稱之為「連結用甜味劑」。

將連結用甜味劑迅速隔水加熱後，即可添加在麵糊中。

特別是室溫較低的冬季，每當打蛋器放入麵糊中時，都會帶入冷空氣。只要加入連結用甜味劑，奶油便能保持半融化的柔軟狀態，成功地和蛋融合，即使之後再加入麵粉，依然能和所有材料交融，作出光澤柔亮的麵糊。

加入麵粉後，一定要確實攪拌。雖然肉眼看不見，但一定會形成優質的麵筋，作出手也能感受到的濕潤感，製成喉韻宜人的蛋糕。

連結用甜味劑

例如：製作「紅豆磅蛋糕」時，會先將水煮紅豆和水飴放入調理盆中拌勻，再隔水加熱。

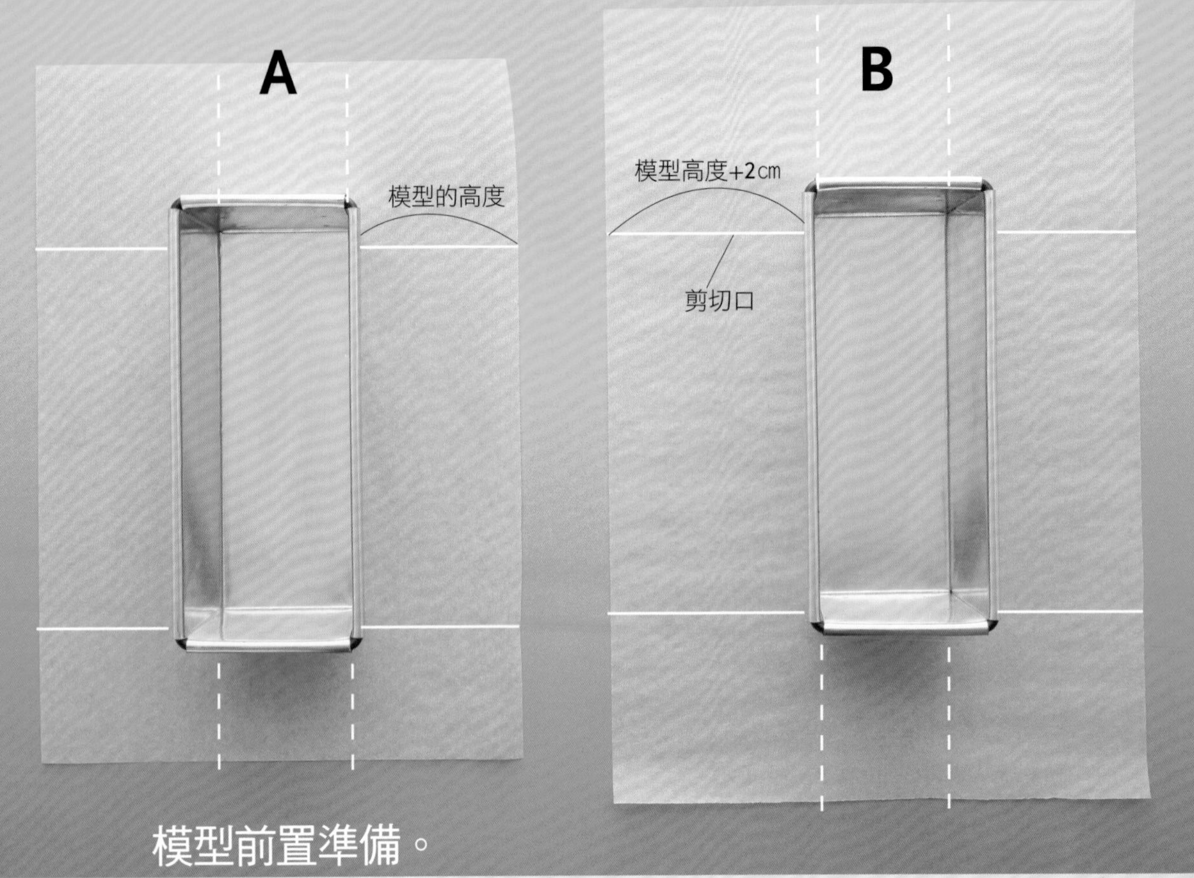

模型前置準備。

在模型內側鋪一層烘焙紙。作法分為**A**、**B**兩種，**A**方法是將烘焙紙配合模型的高度剪裁，適合以〔打發奶油＋全蛋〕和〔打發奶油＋蛋白霜〕製作的磅蛋糕。**B**方法則是將烘焙紙剪得比模型高2公分，適合以〔融化奶油＋全蛋〕和〔融化奶油＋蛋白霜〕製作的磅蛋糕。**A**、**B**兩種方式都是將烘焙紙依上圖所示的尺寸裁切，放在模型中央。先將烘焙紙沿著模型摺出摺線（虛線），再依照圖片的模樣摺疊，放入模型中。

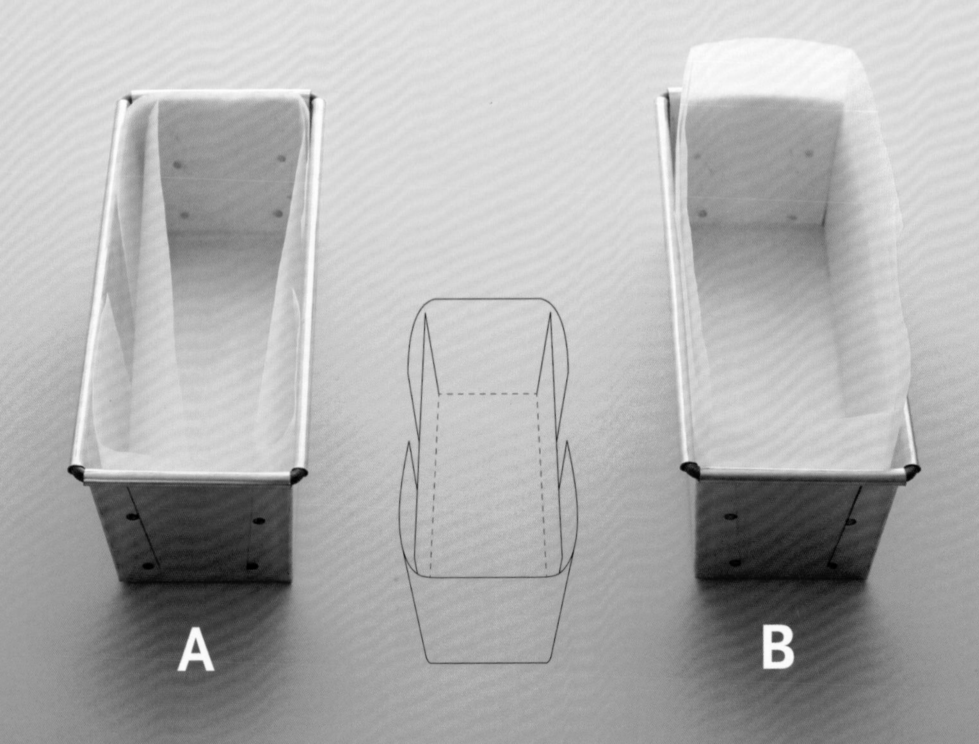

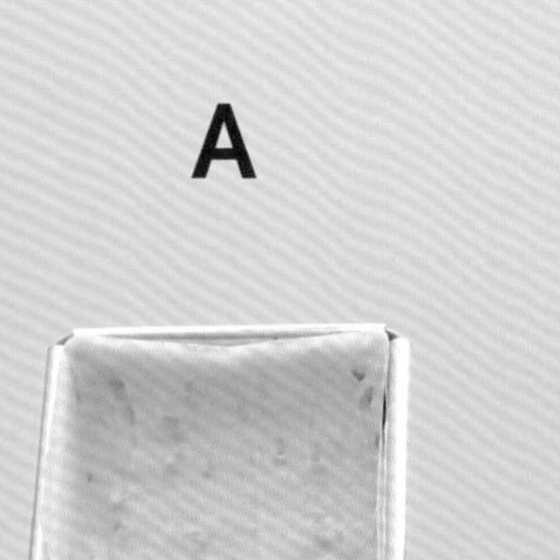

倒入麵糊後烘烤。

以少許麵糊將烘焙紙重疊的地方壓緊，再將麵糊倒入模型中。麵糊的份量依打發的程度不同，會有些微差異。倒入模型的份量約為七分滿，剩下的麵糊就以瑪德蓮模型來烘烤吧！**A**的模型是以刮刀刮成麵糊中央下凹，左右兩邊較高的模樣。這樣烤出來的蛋糕就能漂亮地往上膨脹。B的模型則是將麵糊抹平再放入烤箱，依照烤箱指定的溫度烘烤即可。

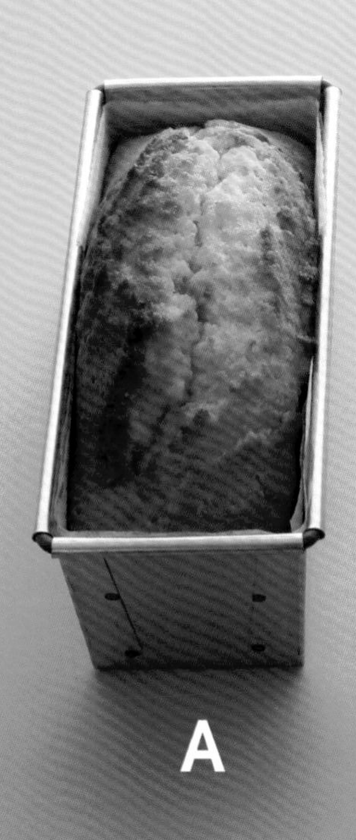

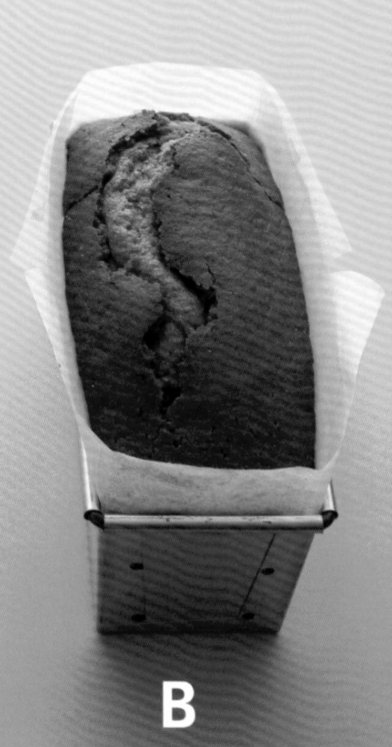

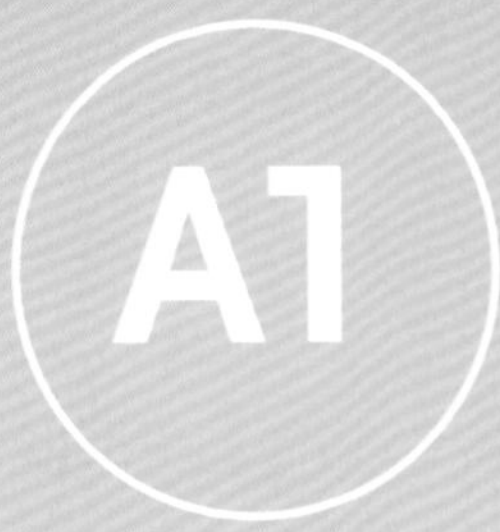

以〔打發奶油＋全蛋〕製作。

香橙磅蛋糕 作法P.16

將砂糖加入以手持打蛋機打發的奶油中，
再倒入隔水加熱的全蛋。
打造一場油分與水分的美麗邂逅。

〔打發奶油＋全蛋〕的製作重點，於「香橙磅蛋糕」中介紹。

香橙磅蛋糕

糖漬橙皮的口感和君度橙酒的風味皆十分迷人。兩者交融後呈現淡雅的微甜滋味，
也帶出了蛋糕的美味，很適合搭配紅茶享用。將蛋糕切成厚片，豪邁地以手拿著品嚐吧！

〔麵糊〕

奶油　140g
粉糖　120g
全蛋　3顆
　糖漬橙皮　120g
　君度橙酒　30mℓ
　水飴　20g
　低筋麵粉　180g
　泡打粉　1小匙
　鹽　¼小匙

〔君度橙酒糖漿〕

糖漿（參閱P.65）　30mℓ
君度橙酒　30mℓ

準備

✚模型鋪好 **A** 烘焙紙（參閱P.12）。
✚粉類過篩。
✚糖漬橙皮切成塊狀。

✚製作君度橙酒糖漿。

1 將放室溫回溫的打發奶油（參閱P.8）放入調理盆中，以打蛋器打勻。
分數次加入糖粉，打發至柔軟蓬鬆。

2 全蛋打散後隔水加熱，一邊以叉子攪拌一邊加熱至約人體肌膚的溫度。
分數次倒入步驟**1**中，每倒一次都要和奶油充分拌勻。

3 將切塊狀的糖漬橙皮、君度橙酒、水飴放入另一個調理盆中，
隔水加熱後，加入步驟**2**中拌勻，再將整盆蛋奶糊倒入另一個較大的盆中。

4 將過篩好的粉類再次一邊過篩，一邊加入蛋奶糊中，以攪拌刮刀切拌均勻，一直攪拌到粉粒消失，麵糊出現光澤。

5 將麵糊倒入準備好的模型中，放入烤箱，以180℃烘烤15分鐘，再降溫至170℃，烤約30分鐘。以竹籤刺入蛋糕中，若還有沾黏麵糊的情況，就再多烤幾分鐘。

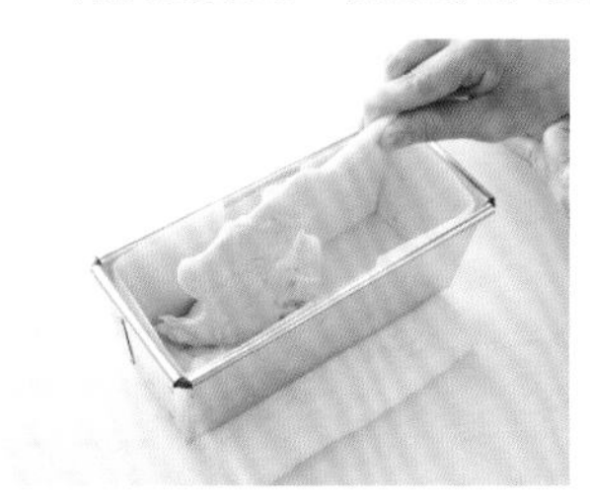
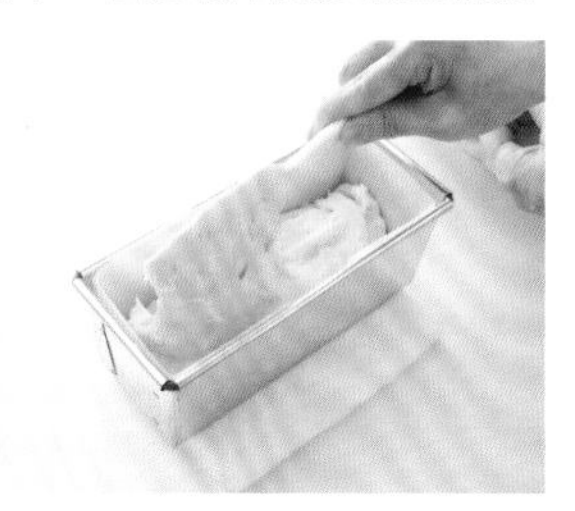
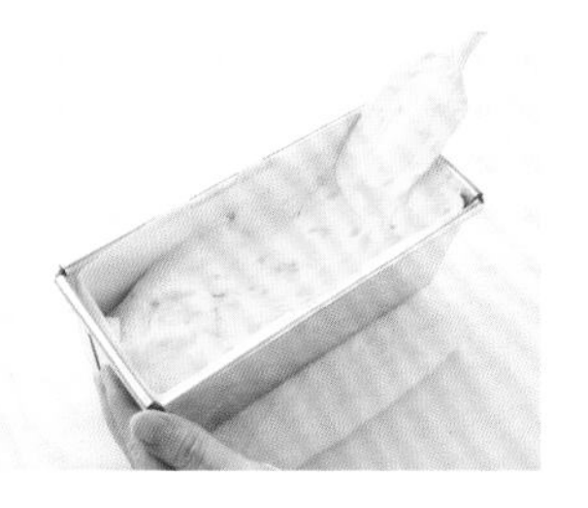
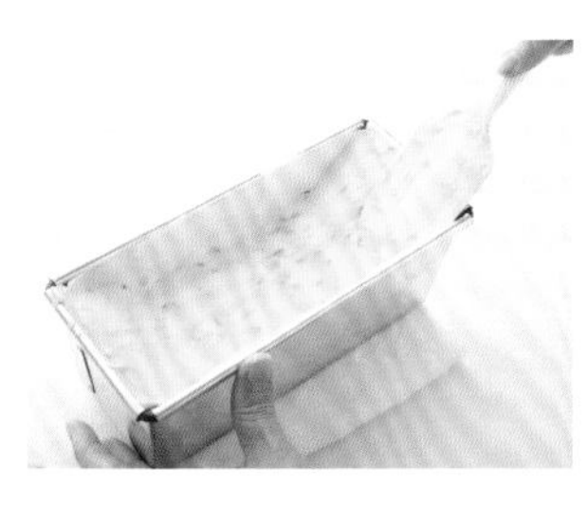

✚將麵糊倒入模型中約填至七分滿，以刮刀刮成中央下凹，左右兩邊較高的模樣，並輕壓四個角。

6 烤好後，將蛋糕從模型中取出放在涼架上，剝下周圍的烘焙紙，趁熱以刷子刷上一層君度橙酒糖漿。

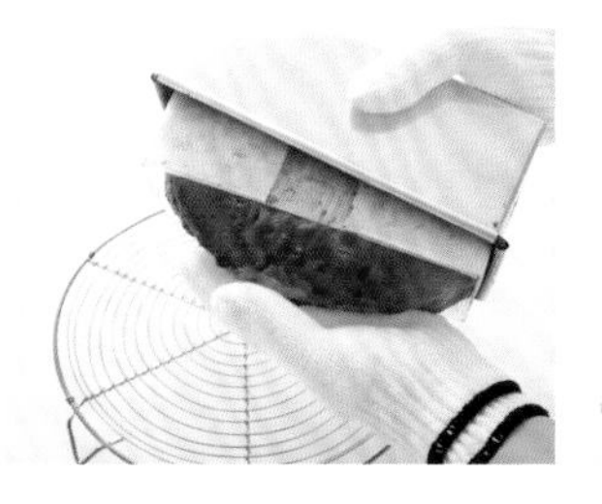

✚取出模型時記得要戴隔熱手套。

✚側面也要記得刷上糖漿。

水果磅蛋糕

紅色與綠色的糖漬櫻桃形成有趣的對比色彩。加入大量的酒漬果乾，烘烤後在蛋糕的表面再刷上一層白蘭地。手工製作的焦糖醬和洋酒的香氣令人著迷，是一款屬於大人風味的蛋糕。

〔麵糊〕

奶油　140g
糖粉　120g
全蛋　3個

- 蘭姆酒　20 mℓ
- 焦糖醬　30g

- 低筋麵粉　180g
- 泡打粉　1小匙

- 酒漬水果（參閱P.66）　160g
- 糖漬櫻桃　50g

白蘭地　60 mℓ

準備

- ✚模型鋪好**A**烘焙紙（參閱P.12）。
- ✚粉類過篩。
- ✚製作焦糖醬（參閱P.66）。
- ✚糖漬櫻桃切成兩半，和酒漬果乾一起拌勻。

1. 將放室溫回溫的打發奶油（參閱P.8）放入調理盆中，以打蛋器打勻。分數次加入糖粉，打發至柔軟蓬鬆。
2. 全蛋打散後隔水加熱，一邊以叉子攪拌，一邊加熱至約人體肌膚的溫度。分數次倒入步驟**1**中，每倒一次都要和奶油充分拌勻。
3. 將蘭姆酒、焦糖醬放入另一個調理盆中，隔水加熱後，加入步驟**2**中拌勻，再將整盆蛋奶糊倒入另一個較大的盆中。
4. 將過篩好的粉類再次一邊過篩，一邊加入蛋奶糊中，以攪拌刮刀切拌均勻，一直攪拌到粉粒消失後，加入混合好的酒漬果乾和糖漬櫻桃，拌至麵糊出現光澤。
5. 將麵糊倒入準備好的模型中，放入烤箱以180℃烘烤15分鐘，再降溫至170℃，續烤約30分鐘。接著以竹籤刺入蛋糕中，若還有沾黏麵糊的情況，就再多烤幾分鐘。
6. 烤好後，將蛋糕從模型中取出放在涼架上，剝下烘焙紙，趁熱以刷子刷上一層白蘭地。

蘭姆葡萄磅蛋糕

蘭姆酒芳醇的香氣蔓延在口中，是一款能療癒身心的甜點。麵糊中加入了切碎的蘭姆酒漬葡萄乾，烤好後的蛋糕口感濕潤，洋溢著蘭姆酒的香氣。

〔麵糊〕

奶油　140g
- 糖粉　60g
- 楓糖粒　60g

全蛋　3個
- 蘭姆葡萄乾　80g
- 楓糖漿　30g
- 低筋麵粉　140g
- 杏仁粉　40g
- 泡打粉　1小匙
- 鹽　¼小匙

蘭姆葡萄乾　20g

〔奶酥〕

杏仁粉　20g
低筋麵粉　20g
楓糖粒　30g
奶油　30g

白蘭地　60㎖

準備

✚模型鋪好**A**烘焙紙（參閱P.12）。
✚粉類過篩。
✚將糖粉和楓糖粒混合。
✚製作蘭姆葡萄乾（參考P.66）。
✚製作奶酥（參考P.65）。

1. 將放室溫回溫的打發奶油（參閱P.8）放入調理盆中，以打蛋器打勻。分數次加入糖粉，打發至柔軟蓬鬆。
2. 全蛋打散後隔水加熱，一邊以叉子攪拌，一邊加熱至約人體肌膚的溫度。分數次倒入步驟**1**中，每倒一次都要和奶油充分拌勻。
3. 將蘭姆葡萄乾80g、楓糖漿放入另一個調理盆中，隔水加熱後，加入步驟**2**中拌勻，再將整盆蛋奶糊倒入另一個較大的盆中。
4. 將過篩好的粉類再次一邊過篩，一邊加入蛋奶糊中，以攪拌刮刀切拌均勻，一直攪拌到粉粒消失，麵糊出現光澤。
5. 將麵糊倒入準備好的模型中，上面撒蘭姆葡萄乾20g和奶酥，放入烤箱，以180℃烘烤15分鐘，再降溫至170℃，續烤約30分鐘。接著以竹籤刺入蛋糕中，若還有沾黏麵糊的情況，就再多烤幾分鐘。
6. 烤好後，將蛋糕從模型中取出放在涼架上，剝下烘焙紙，趁熱以刷子刷上一層白蘭地。

帶皮栗子磅蛋糕

裝飾在蛋糕上的是糖煮帶皮栗子。這一片韻味醇厚的蛋糕，請搭配微澀清香的日本茶一同享用吧！微甘的栗子，和甜美的蛋糕相互映襯，表現出極致的美味。

〔麵糊〕

奶油　140g

糖粉　60g
三溫糖　60g

全蛋　3個

蘭姆酒　30㎖
蜂蜜　20g
香草精　適量

低筋麵粉　140g
杏仁粉　40g
泡打粉　1小匙
鹽　1小撮

糖煮帶皮栗子（市售品）180g

白蘭地　60㎖

〔淋醬〕

糖粉　110g

蘭姆酒　15㎖
水　15㎖

準備

✚模型鋪好**A**烘焙紙（參閱P.12）。
✚粉類過篩。
✚糖粉和三溫糖混合拌勻。
✚將糖煮帶皮栗子切碎（參閱P.66）。
✚製作淋醬（參閱P.65）。

1. 將放室溫回溫的打發奶油（參閱P.8）放入調理盆中，以打蛋器打勻。分數次加入糖粉，打發至柔軟蓬鬆。
2. 全蛋打散後隔水加熱，一邊以叉子攪拌，一邊加熱至約人體肌膚的溫度。分數次倒入步驟**1**中，每倒一次都要和奶油充分拌勻。
3. 將蘭姆酒、蜂蜜、香草精放入另一個調理盆中，隔水加熱後，加入步驟**2**中拌勻，再將整盆蛋奶糊倒入另一個較大的盆中。
4. 將過篩好的粉類再次一邊過篩，一邊加入蛋奶糊中，以攪拌刮刀切拌均勻，一直攪拌到粉粒消失後，加入切碎的糖煮帶皮栗子150g，拌勻至麵糊出現光澤。
5. 將麵糊倒入準備好的模型中，上面撒上剩餘的帶皮栗子，放入烤箱，以180℃烘烤15分鐘，再降溫至170℃，續烤約30分鐘。接著以竹籤刺入蛋糕中，若還有沾黏麵糊的情況，就再多烤幾分鐘。
6. 烤好後，將蛋糕從模型中取出放在涼架上，剝下烘焙紙，趁熱以刷子刷上一層白蘭地。放涼後，再以湯匙淋一層淋醬作裝飾。

紅豆磅蛋糕

帶有自然甜味的紅豆粒和濕潤的蛋糕體，洋溢著和風氣息。是喜歡日式和菓子的人，難以抗拒的淡雅的清甜滋味。搭配香氣宜人的紅茶享用，也很不錯呢！

〔麵糊〕
奶油　140g
糖粉　120g
全蛋　3個
｜水煮紅豆（市售品）120g
｜水飴　30g
｜低筋麵粉　180g
｜泡打粉　1小匙
甘納豆（市售品）　50g

〔香草糖漿〕
糖漿（參閱P.65）　60㎖
香草精　適量

準備
✚模型鋪好**A**烘焙紙（參閱P.12）。
✚粉類過篩。
✚製作香草糖漿。

1 將放室溫回溫的打發奶油（參閱P.8）放入調理盆中，以打蛋器打勻。分數次加入糖粉，打發至柔軟蓬鬆。
2 全蛋打散後隔水加熱，一邊以叉子攪拌，一邊加熱至約人體肌膚的溫度。分數次倒入步驟1中，每倒一次都要和奶油充分拌勻。
3 將紅豆、水飴放入另一個調理盆中拌勻，隔水加熱後（參閱P.67），加入步驟2中拌勻，再將整盆蛋奶糊倒入另一個較大的盆中。
4 將過篩好的粉類再次一邊過篩，一邊加入蛋奶糊中，以攪拌刮刀切拌均勻，一直攪拌到粉粒消失後，加入切碎的甘納豆30g，拌勻至麵糊出現光澤。
5 將麵糊倒入準備好的模型中，上面撒上剩餘的甘納豆，放入烤箱，以180℃烘烤15分鐘，再降溫至170℃，續烤約30分鐘。接著以竹籤刺入蛋糕中，若還有沾黏麵糊的情況，就再多烤幾分鐘。
6 烤好後，將蛋糕從模型中取出放在涼架上，剝下烘焙紙，趁熱以刷子刷上一層香草糖漿。

花生醬磅蛋糕

裝飾在蛋糕上的堅果很有存在感，也充滿了魅力。麵糊中還添加打成粉狀的花生，以增添香氣。蛋糕具有十足的份量，很適合當作早餐或點心。

〔麵糊〕

- 奶油　80g
- 花生醬　60g
- 糖粉　60g
- 三溫糖　60g
- 全蛋　3個
- 蘭姆酒　20㎖
- 蜂蜜　30g
- 低筋麵粉　140g
- 杏仁粉　40g
- 花生（粉）　20g
- 泡打粉　1小匙
- 鹽　¼小匙

〔堅果〕

- 花生　30g
- 榛果　30g
- 開心果　5g

準備

✚模型鋪好**A**烘焙紙（參閱P.12）。

✚粉類過篩。

✚糖粉和三溫糖混合拌勻。

✚堅果烤熟後，放入塑膠袋中，以擀麵棍敲碎成粗粒（參閱P.67）。

1. 將放室溫回溫的打發奶油（參閱P.8）放入調理盆中，以打蛋器打勻。分數次加入糖粉，打發至柔軟蓬鬆。
2. 全蛋打散後隔水加熱，一邊以叉子攪拌，一邊加熱至約人體肌膚的溫度。分數次倒入步驟**1**中，每倒一次都要和奶油充分拌勻。
3. 將蘭姆酒、蜂蜜放入另一個調理盆中，隔水加熱後，加入步驟**2**中拌勻，再將整盆蛋奶糊倒入另一個較大的盆中。
4. 將過篩好的粉類再次一邊過篩，一邊加入蛋奶糊中，以攪拌刮刀切拌均勻，一直攪拌到粉粒消失，麵糊出現光澤。
5. 將麵糊倒入準備好的模型中，上面撒上烤好壓碎的堅果。放入烤箱，以180℃烘烤15分鐘，再降溫至170℃，續烤約30分鐘。接著以竹籤刺入蛋糕中，若還有沾黏麵糊的情況，就再多烤幾分鐘。
6. 烤好後，將蛋糕從模型中取出放在涼架上，剝下烘焙紙，靜置放涼。

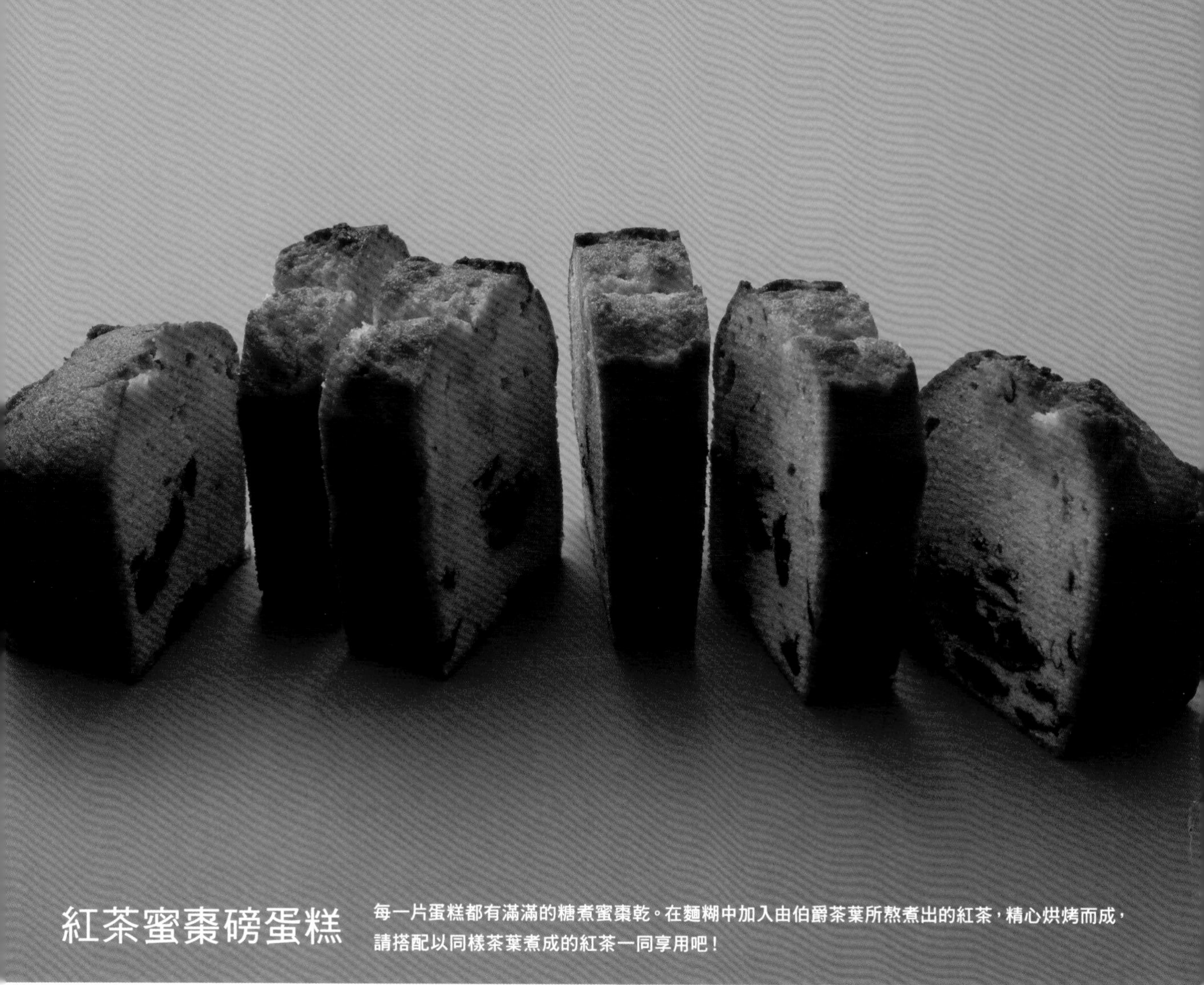

紅茶蜜棗磅蛋糕

每一片蛋糕都有滿滿的糖煮蜜棗乾。在麵糊中加入由伯爵茶葉所熬煮出的紅茶，精心烘烤而成，請搭配以同樣茶葉煮成的紅茶一同享用吧！

〔麵糊〕
奶油　140g
- 糖粉　60g
- 三溫糖　60g

全蛋　3個
- 蘭姆酒　10㎖
- 蜂蜜　30g
- 紅茶液　10㎖

- 低筋麵粉　140g
- 杏仁粉　40g
- 泡打粉　1小匙
- 鹽　¼小匙

糖煮蜜棗乾★　120g
★使用「糖煮果乾」（參閱P.65）中的蜜棗乾。

紅茶利口酒　60㎖

準備
- ✚模型鋪好**A**烘焙紙（參閱P.12）。
- ✚粉類過篩。
- ✚糖粉和三溫糖混合拌勻。
- ✚製作紅茶（參閱P.67）。
- ✚將糖煮蜜棗乾切成小塊（參閱P.67）。

1 將放室溫回溫的打發奶油（參閱P.8）放入調理盆中，以打蛋器打勻。分數次加入糖粉，打發至柔軟蓬鬆。

2 全蛋打散後隔水加熱，一邊以叉子攪拌，一邊加熱至約人體肌膚的溫度。分數次倒入步驟**1**中，每倒一次都要和奶油充分拌勻。

3 將蘭姆酒、蜂蜜、紅茶液放入另一個調理盆中，隔水加熱後，加入步驟**2**中拌勻，再將整盆蛋奶糊倒入另一個較大的盆中。

4 將過篩好的粉類再次一邊過篩，一邊加入蛋奶糊中，以攪拌刮刀切拌均勻，一直攪拌到粉粒消失後，加入糖煮蜜棗乾，拌勻至麵糊出現光澤。

5 將麵糊倒入準備好的模型中，放入烤箱，以180℃烘烤15分鐘，再降溫至170℃，續烤約30分鐘。接著以竹籤刺入蛋糕中，若還有沾黏麵糊的情況，就再多烤幾分鐘。

6 烤好後，將蛋糕從模型中取出放在涼架上，剝下烘焙紙，趁熱以刷子刷上一層紅茶利口酒。

香料胡桃磅蛋糕

蛋糕上裝飾著胡桃和奶酥；蛋糕中也加入了切碎的胡桃。這道甜點的美味源自於堅果特有的口感和香氣，喜歡堅果的人必定無法抗拒其魅力。

〔麵糊〕

奶油　140g
- 糖粉　60g
- 三溫糖　60g

全蛋　3個
- 蘭姆酒　20mℓ
- 蜂蜜　30g

- 低筋麵粉　140g
- 肉桂粉　1小匙
- 薑母粉　½小匙
- 荳蔻粉　¼小匙
- 泡打粉　1小匙

胡桃（切細碎）　40g
胡桃　20g

〔奶酥〕

低筋麵粉　20g
胡桃（切細碎）　20g
三溫糖　20g
肉桂粉　½小匙
胡椒　¼小匙
奶油　20g

白蘭地　60mℓ

準備

✚模型鋪好**A**烘焙紙（參閱P.12）。
✚粉類過篩。
✚糖粉和三溫糖混合拌勻。
✚將80g的胡桃烘烤後，再將其中的60g切細碎（參閱P.67）。
✚製作奶酥（參閱P.65）。

1. 將放室溫回溫的打發奶油（參閱P.8）放入調理盆中，以打蛋器打勻。分數次加入糖粉，打發至柔軟蓬鬆。
2. 全蛋打散後隔水加熱，一邊以叉子攪拌，一邊加熱至約人體肌膚的溫度。分數次倒入步驟**1**中，每倒一次都要和奶油充分拌勻。
3. 將蘭姆酒、蜂蜜放入另一個調理盆中，隔水加熱後，加入步驟**2**中拌勻，再將整盆蛋奶糊倒入另一個較大的盆中。
4. 將過篩好的粉類再次一邊過篩，一邊加入蛋奶糊中，以攪拌刮刀切拌均勻，一直攪拌到粉粒消失後，加入切細碎的胡桃40g，拌勻至麵糊出現光澤。
5. 將麵糊倒入準備好的模型中，上面撒上烤好的完整胡桃20g及奶酥。之後放入烤箱，以180℃烘烤15分鐘，再降溫至170℃，續烤約30分鐘。接著以竹籤刺入蛋糕中，如果還有沾黏麵糊，就再多烤幾分鐘。
6. 烤好後，將蛋糕從模型中取出放在涼架上，剝下烘焙紙，趁熱以刷子刷上一層白蘭地。

核桃牛軋糖磅蛋糕

先以烘烤後釋出香氣的核桃製成核桃牛軋糖，再將牛軋糖和麵糊交互倒入模型中進行烘烤。最後加入即溶咖啡，增添苦味。是十分適合配酒享用的美味。

〔麵糊〕

奶油 140g
- 糖粉 60g
- 三溫糖 60g

全蛋 3個
- 蘭姆酒 20mℓ
- 蜂蜜 30g

- 低筋麵粉 140g
- 杏仁粉 40g
- 泡打粉 1小匙
- 鹽 ¼小匙

〔核桃牛軋糖〕

核桃 100g
- 奶油 30g
- 蜂蜜 20g
- 砂糖 20g
- 鮮奶油 20mℓ
- 即溶咖啡粉 2小匙

〔奶酥〕

杏仁粉 20g
低筋麵粉 20g
三溫糖 30g
奶油 30g

白蘭地 60mℓ

準備

✚模型鋪好**A**烘焙紙（參閱P.12）。
✚粉類過篩。
✚糖粉和三溫糖混合拌勻。
✚製作核桃牛軋糖（參閱P.67）。
✚製作奶酥（參閱P.65）。

1. 將放室溫回溫的打發奶油（參閱P.8）放入調理盆中，以打蛋器打勻。分數次加入糖粉，打發至柔軟蓬鬆。
2. 全蛋打散後隔水加熱，一邊以叉子攪拌，一邊加熱至約人體肌膚的溫度。分數次倒入步驟**1**中，每倒一次都要和奶油充分拌勻。
3. 將蘭姆酒、蜂蜜放入另一個調理盆中，隔水加熱後，加入步驟**2**中拌勻，再將整盆蛋奶糊倒入另一個較大的盆中。
4. 將過篩好的粉類再次一邊過篩，一邊加入蛋奶糊中，以攪拌刮刀切拌均勻，一直攪拌到粉粒消失，麵糊出現光澤。
5. 將麵糊和核桃牛軋糖80g交互倒入準備好的模型中，上面撒上剩餘的核桃牛軋糖及奶酥。放入烤箱，以180℃烘烤15分鐘，再降溫至170℃，續烤約30分鐘。接著以竹籤刺入蛋糕中，若還有沾黏麵糊的情況，就再多烤幾分鐘。
6. 烤好後，將蛋糕從模型中取出放在涼架上，剝下烘焙紙，趁熱以刷子刷一層白蘭地。

生薑磅蛋糕

添加了切成粗塊的糖煮生薑，清脆的口感和微辣、香甜的風味融為一體，形成絕妙的滋味。由於糖煮生薑選用風味清新的嫩薑製作，使蛋糕清爽又不易膩味，所以也能當作正餐享用。

〔麵糊〕

奶油　140g
- 糖粉　60g
- 三溫糖　60g

全蛋　3個
- 糖煮生薑　80g
- 蜂蜜　30g
- 生薑泥　10g
- 低筋麵粉　180g
- 泡打粉　1小匙

〔君度橙酒糖漿〕

糖漿（參閱P.65）　30㎖
君度橙酒　30㎖

準備

✚模型鋪好**A**烘焙紙（參閱P.12）。
✚粉類過篩。
✚糖粉和三溫糖混合拌勻。
✚製作糖煮生薑（參閱P.68）。
✚製作君度橙酒糖漿。

1. 將放室溫回溫的打發奶油（參閱P.8）放入調理盆中，以打蛋器打勻。分數次加入糖粉，打發至柔軟蓬鬆。
2. 全蛋打散後隔水加熱，一邊以叉子攪拌，一邊加熱至約人體肌膚的溫度。分數次倒入步驟**1**中，每倒一次都要和奶油充分拌勻。
3. 將切粗塊的糖煮生薑、蜂蜜、生薑泥放入另一個調理盆中，隔水加熱後，加入步驟**2**中拌勻，再將整盆蛋奶糊倒入另一個較大的盆中。
4. 將過篩好的粉類再次一邊過篩，一邊加入蛋奶糊中，以攪拌刮刀切拌均勻，一直攪拌到粉粒消失，麵糊出現光澤。
5. 將麵糊倒入準備好的模型中，放入烤箱，以180℃烘烤15分鐘，再降溫至170℃，續烤約30分鐘。接著以竹籤刺入蛋糕中，若還有沾黏麵糊的情況，就再多烤幾分鐘。
6. 烤好後，將蛋糕從模型中取出放在涼架上，剝下烘焙紙，趁熱以刷子刷上一層君度橙酒糖漿。

椰香巧克力磅蛋糕

以巧克力包覆整塊磅蛋糕。
椰子的風味與巧克力相互映襯，是相當濃郁而宜人的美味。

〔麵糊〕
奶油　140g
糖粉　120g
全蛋　3個
椰奶　20㎖
蜂蜜　15g
蘭姆酒　15㎖
低筋麵粉　140g
杏仁粉　20g
椰子粉　20g
泡打粉　1小匙

〔香草糖漿〕
糖漿（參閱P.65）　60㎖
香草精　適量

〔巧克力淋醬〕
甜巧克力　100g
鮮奶油　50㎖

準備
✚模型鋪好A烘焙紙（參閱P.12）。
✚粉類過篩。
✚製作香草糖漿。
✚製作巧克力淋醬（參閱P.68）。

1. 將放室溫回溫的打發奶油（參閱P.8）放入調理盆中，以打蛋器打勻。分數次加入糖粉，打發至柔軟蓬鬆。
2. 全蛋打散後隔水加熱，一邊以叉子攪拌，一邊加熱至約人體肌膚的溫度。分數次倒入步驟1中，每倒一次都要和奶油充分拌勻。
3. 將椰奶、蜂蜜、蘭姆酒放入另一個調理盆中拌勻，隔水加熱後，加入步驟2中拌勻，再將整盆蛋奶糊倒入另一個較大的盆中。
4. 將過篩好的粉類再次一邊過篩，一邊加入蛋奶糊中，以攪拌刮刀切拌均勻，一直攪拌到粉粒消失，麵糊出現光澤。
5. 將麵糊倒入準備好的模型中，放入烤箱，以180℃烘烤15分鐘，再降溫至170℃，續烤約30分鐘。接著以竹籤刺入蛋糕中，若還有沾黏麵糊的情況，就再多烤幾分鐘。
6. 烤好後，將蛋糕從模型中取出放在涼架上，剝下烘焙紙，趁熱以刷子刷上一層香草糖漿。放涼後，再將整塊蛋糕刷上一層巧克力淋醬（參閱P.68）。

鹽之花磅蛋糕

這款磅蛋糕中不僅加了鹽，還特意淋上君度橙酒風味的糖霜。由於添加了鹹味，更加突顯蛋糕的香甜。使用的鹽刻意挑選含有豐富天然礦物質的鹽之花，讓蛋糕既美味又健康。

〔麵糊〕

奶油　140g
糖粉　120g
全蛋　3個
｜煉乳　30g
｜水飴　20g
｜鹽（鹽之花）　½小匙
｜低筋麵粉　180g
｜泡打粉　1小匙

〔君度橙酒糖漿〕

糖漿（參閱P.65）　30㎖
君度橙酒　30㎖

〔糖霜〕

糖粉　110g
｜水　15㎖
｜君度橙酒　15㎖

鹽（鹽之花）　1小撮

準備

✚模型鋪好A烘焙紙（參閱P.12）。
✚粉類過篩。
✚製作君度橙酒糖漿。
✚製作糖霜（參閱P.65）。

1. 將放室溫回溫的打發奶油（參閱P.8）放入調理盆中，以打蛋器打勻。分數次加入糖粉，打發至柔軟蓬鬆。
2. 全蛋打散後隔水加熱，一邊以叉子攪拌，一邊加熱至約人體肌膚的溫度。分數次倒入步驟1中，每倒一次都要和奶油充分拌勻。
3. 將煉乳、水飴、鹽放入另一個調理盆中，隔水加熱後，加入步驟2中拌勻，再將整盆蛋奶糊倒入另一個較大的盆中。
4. 將過篩好的粉類再次一邊過篩，一邊加入蛋奶糊中，以攪拌刮刀切拌均勻，一直攪拌到粉粒消失，麵糊出現光澤。
5. 將麵糊倒入準備好的模型中，放入烤箱，以180℃烘烤15分鐘，再降溫至170℃，續烤約30分鐘。接著以竹籤刺入蛋糕中，若還有沾黏麵糊的情況，就再多烤幾分鐘。
6. 烤好後，將蛋糕從模型中取出放在涼架上，剝下烘焙紙，趁熱以刷子刷上一層君度橙酒糖漿。放涼後，在蛋糕上淋一層糖霜，並撒上鹽之花（參閱P.68）。

甜地瓜磅蛋糕

暖呼呼的香甜地瓜，是最熟悉的好滋味。以蜜地瓜的造型作為外觀，表面再撒上一些黑芝麻，最適合用來當作肚子餓時墊胃的小點心。一不小心，就會一片接著一片……

〔麵糊〕

奶油 140g
- 糖粉 60g
- 三溫糖 60g

全蛋 3個
- 蘭姆酒 20㎖
- 蜂蜜 30g

- 低筋麵粉 120g
- 杏仁粉 40g
- 泡打粉 1小匙
- 鹽 ¼小匙

水煮甜地瓜 140g

熟芝麻（白、黑） 適量
白蘭地 60㎖

準備
- ✚模型鋪好**A**烘焙紙（參閱P.12）。
- ✚粉類過篩。
- ✚糖粉和三溫糖混合拌勻。
- ✚製作水煮甜地瓜（參閱P.68）。

1. 將放室溫回溫的打發奶油（參閱P.8）放入調理盆中，以打蛋器打勻。分數次加入糖粉，打發至柔軟蓬鬆。
2. 全蛋打散後隔水加熱，一邊以叉子攪拌，一邊加熱至約人體肌膚的溫度。分數次倒入步驟1中，每倒一次都要和奶油充分拌勻。
3. 將蘭姆酒、蜂蜜放入另一個調理盆中，隔水加熱後，加入步驟2中拌勻，再將整盆蛋奶糊倒入另一個較大的盆中。
4. 將過篩好的粉類再次一邊過篩，一邊加入蛋奶糊中，以攪拌刮刀切拌均勻，一直攪拌到粉粒消失後，加入壓碎的水煮甜地瓜60g，拌勻至麵糊出現光澤。
5. 將麵糊倒入準備好的模型中，撒上剩餘的水煮甜地瓜和芝麻。放入烤箱，以180℃烘烤15分鐘，再降溫至170℃，續烤約30分鐘。接著以竹籤刺入蛋糕中，若還有沾黏麵糊的情況，就再多烤幾分鐘。
6. 烤好後，將蛋糕從模型中取出放在涼架上，剝下烘焙紙，趁熱以刷子刷上一層白蘭地。

杏桃磅蛋糕

橘色的糖煮杏桃好可愛！切成粗塊的杏桃口感很獨特。再加上杏桃果醬和杏桃利口酒，是一道充滿酸甜風味的甜點。

〔麵糊〕
奶油　140g
糖粉　120g
全蛋　3個
杏桃果醬　30g
蜂蜜　20g
低筋麵粉　140g
杏仁粉　40g
泡打粉　1小匙
鹽　¼小匙
糖煮杏桃★　60g
★使用「糖煮果乾」（參閱P.65）中的杏桃。
杏桃利口酒　20㎖

〔君度橙酒糖漿〕
糖漿（參閱P.65）　30㎖
君度橙酒　30㎖

準備
✚模型鋪好**A**烘焙紙（參閱P.12）。
✚粉類過篩。
✚將糖煮杏桃切粗塊，加入杏桃利口酒混合（參閱P.69）。
✚製作君度橙酒糖漿。

1　將放室溫回溫的打發奶油（參閱P.8）放入調理盆中，以打蛋器打勻。分數次加入糖粉，打發至柔軟蓬鬆。
2　全蛋打散後隔水加熱，一邊以叉子攪拌，一邊加熱至約人體肌膚的溫度。分數次倒入步驟**1**中，每倒一次都要和奶油充分拌勻。
3　將杏桃果醬、蜂蜜放入另一個調理盆中，隔水加熱後，加入步驟**2**中拌勻，再將整盆蛋奶糊倒入另一個較大的盆中。
4　將過篩好的粉類再次一邊過篩，一邊加入蛋奶糊中，以攪拌刮刀切拌均勻，一直攪拌到粉粒消失後，加入切成粗塊、混合杏桃利口酒的糖煮杏桃，拌勻至麵糊出現光澤。
5　將麵糊倒入準備好的模型中，放入烤箱，以180℃烘烤15分鐘，再降溫至170℃，續烤約30分鐘。接著以竹籤刺入蛋糕中，若還有沾黏麵糊的情況，就再多烤幾分鐘。
6　烤好後，將蛋糕從模型中取出放在涼架上，剝下烘焙紙，趁熱以刷子刷上一層君度橙酒糖漿。

黑糖磅蛋糕

黑糖與葡萄乾的甜味交融於一體，形成絕妙的滋味。因為加了黑糖，從色澤來看，容易誤以為味道很甜膩，不過蛋糕其實蘊藏著自然而柔和的甜味，其獨特的香醇與韻味令人難以忘懷。

〔麵糊〕

奶油　140g
｜糖粉　60g
｜黑糖　60g
全蛋　3個
｜蘭姆酒　20㎖
｜黑糖蜜　30g
｜低筋麵粉　180g
｜泡打粉　1小匙
糖煮葡萄乾　60g

〔香草糖漿〕

糖漿（參閱P.65）　60㎖
香草精　適量

準備

✚模型鋪好A烘焙紙（參閱P.12）。
✚粉類過篩。
✚糖粉和黑糖混合拌勻。
✚製作糖煮葡萄乾（參閱P.66）。
✚製作香草糖漿。

1. 將放室溫回溫的打發奶油（參閱P.8）放入調理盆中，以打蛋器打勻。分數次加入糖粉，打發至柔軟蓬鬆。
2. 全蛋打散後隔水加熱，一邊以叉子攪拌，一邊加熱至約人體肌膚的溫度。分數次倒入步驟1中，每倒一次都要和奶油充分拌勻。
3. 將蘭姆酒、黑糖蜜放入另一個調理盆中，隔水加熱後（參閱P.69），加入步驟2中拌勻，再將整盆蛋奶糊倒入另一個較大的盆中。
4. 將過篩好的粉類再次一邊過篩，一邊加入蛋奶糊中，以攪拌刮刀切拌均勻，一直攪拌到粉粒消失後，加入糖煮葡萄乾，拌勻至麵糊出現光澤。
5. 將麵糊倒入準備好的模型中，放入烤箱，以180℃烘烤15分鐘，再降溫至170℃，續烤約30分鐘。接著以竹籤刺入蛋糕中，若還有沾黏麵糊的情況，就再多烤幾分鐘。
6. 烤好後，將蛋糕從模型中取出放在涼架上，剝下烘焙紙，趁熱以刷子刷上一層香草糖漿。

巧克力香蕉磅蛋糕

添加了巧克力碎片和奶油炒香蕉的麵糊，烘烤過後變得濕潤可口，再以白蘭地突顯香氣。巧克力和香蕉的搭配組合，果然滋味絕佳。

〔麵糊〕

奶油　140g
糖粉　60g
三溫糖　60g
全蛋　3個
蘭姆酒　20㎖
蜂蜜　30g
低筋麵粉　180g
泡打粉　1小匙
香蕉　2根
奶油　10g
甜巧克力　40g

白蘭地　60㎖

準備

✚模型鋪好**A**烘焙紙（參閱P.12）。
✚粉類過篩。
✚糖粉和三溫糖混合拌勻。
✚製作奶油炒香蕉（參閱P.69）。
✚將巧克力切碎。

1. 將放室溫回溫的打發奶油（參閱P.8）放入調理盆中，以打蛋器打勻。分數次加入糖粉，打發至柔軟蓬鬆。
2. 全蛋打散後隔水加熱，一邊以叉子攪拌，一邊加熱至約人體肌膚的溫度。分數次倒入步驟**1**中，每倒一次都要和奶油充分拌勻。
3. 將蘭姆酒、蜂蜜放入另一個調理盆中，隔水加熱後，加入步驟**2**中拌勻，再將整盆蛋奶糊倒入另一個較大的盆中。
4. 將過篩好的粉類再次一邊過篩，一邊加入蛋奶糊中，以攪拌刮刀切拌均勻，一直攪拌到粉粒消失後，加入奶油炒香蕉和巧克力，拌勻至麵糊出現光澤。
5. 將麵糊倒入準備好的模型中，放入烤箱，以180℃烘烤15分鐘，再降溫至170℃，續烤約30分鐘。接著以竹籤刺入蛋糕中，若還有沾黏麵糊的情況，就再多烤幾分鐘。
6. 烤好後，將蛋糕從模型中取出放在涼架上，剝下烘焙紙，趁熱以刷子刷上一層白蘭地。

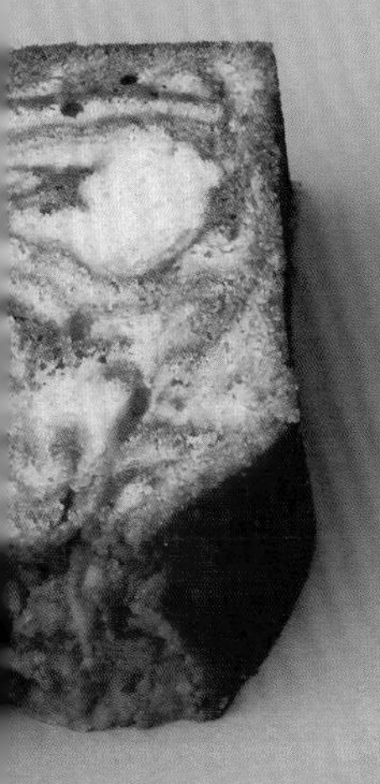

巧克力大理石磅蛋糕

切片後，可以看到美麗大理石圖樣的磅蛋糕。將巧克力加入⅓的麵糊中，混合成漩渦狀再烘烤。適合在下午茶時間，搭配一杯咖啡一同享用。

〔麵糊〕
奶油　140g
糖粉　120g
全蛋　3個
蘭姆酒　20㎖
蜂蜜　30g
低筋麵粉　140g
杏仁粉　40g
泡打粉　1小匙
鹽　¼小匙
甜巧克力　40g
牛乳　20㎖

白蘭地　60㎖

準備
✚模型鋪好A烘焙紙（參閱P.12）。
✚粉類過篩。
✚將甜巧克力放入調理盆中，隔水加熱融化後，加入牛奶混合拌勻（參閱P.69）。

1. 將放室溫回溫的打發奶油（參閱P.8）放入調理盆中，以打蛋器打勻。分數次加入糖粉，打發至柔軟蓬鬆。
2. 全蛋打散後隔水加熱，一邊以叉子攪拌，一邊加熱至約人體肌膚的溫度。分數次倒入步驟**1**中，每倒一次都要和奶油充分拌勻。
3. 將蘭姆酒、蜂蜜放入另一個調理盆中，隔水加熱後，加入步驟**2**中拌勻，再將整盆蛋奶糊倒入另一個較大的盆中。
4. 將過篩好的粉類再次一邊過篩，一邊加入蛋奶糊中，以攪拌刮刀切拌均勻，一直攪拌到粉粒消失後，加入奶油炒香蕉和巧克力碎片，拌勻至麵糊出現光澤。接著取⅓量的麵糊，倒入巧克力牛奶的調理盆中，拌勻後再倒回原本的麵糊盆，粗略攪拌2次至3次（參閱P.69）。
5. 將麵糊倒入準備好的模型中，放入烤箱，以180℃烘烤15分鐘，再降溫至170℃，續烤約30分鐘。接著以竹籤刺入蛋糕中，若還有沾黏麵糊的情況，就再多烤幾分鐘。
6. 烤好後，將蛋糕從模型中取出放在涼架上，剝下烘焙紙，趁熱以刷子刷上一層白蘭地。

香料蘋果磅蛋糕

糖煮蘋果是肉桂風味，撒在蛋糕上的奶酥也添加了肉桂粉，最後刷上的蘋果白蘭地和蘋果本身的甜味、香料的風味三者成為決定味道的關鍵。濃郁的蛋糕香氣，最能表達美味！

〔麵糊〕

奶油　140g
- 糖粉　60g
- 三溫糖　60g

全蛋　3個
- 蘋果白蘭地　20㎖
- 蜂蜜　30g

- 低筋麵粉　140g
- 杏仁粉　40g
- 泡打粉　1小匙
- 鹽　¼小匙

- 糖煮蘋果　100g
- 肉桂粉　適量

〔奶酥〕

杏仁粉　20g
低筋麵粉　20g
肉桂粉　適量
三溫糖　20g
奶油　20g

〔蘋果白蘭地の糖漿〕

糖漿（參閱P.65）　30㎖
蘋果白蘭地　30㎖

準備

✚模型鋪好**A**烘焙紙（參閱P.12）。
✚粉類過篩。
✚糖粉和三溫糖混合拌勻。
✚製作糖煮蘋果，將蘋果和肉桂粉混合拌勻（參閱P.69）。
✚製作奶酥（參閱P.65）。
✚製作蘋果白蘭地糖漿。

1 將放室溫回溫的打發奶油（參閱P.8）放入調理盆中，以打蛋器打勻。分數次加入糖粉，打發至柔軟蓬鬆。

2 全蛋打散後隔水加熱，一邊以叉子攪拌，一邊加熱至約人體肌膚的溫度。分數次倒入步驟**1**中，每倒一次都要和奶油充分拌勻。

3 將蘋果白蘭地、蜂蜜放入另一個調理盆中，隔水加熱後，加入步驟**2**中拌勻，再將整盆蛋奶糊倒入另一個較大的盆中。

4 將過篩好的粉類再次一邊過篩，一邊加入蛋奶糊中，以攪拌刮刀切拌均勻，一直攪拌到粉粒消失後，加入混合了肉桂粉的糖煮蘋果，拌勻至麵糊出現光澤。

5 將麵糊倒入準備好的模型中，撒上奶酥，放入烤箱，以180℃烘烤15分鐘，再降溫至170℃，續烤約30分鐘。接著以竹籤刺入蛋糕中，若還有沾黏麵糊的情況，就再多烤幾分鐘。

6 烤好後，將蛋糕從模型中取出放在涼架上，剝下烘焙紙，趁熱以刷子刷上一層蘋果白蘭地。

器具 製作磅蛋糕需準備的器具類。

磅蛋糕模型
長20cm×寬8cm×高8cm。不鏽鋼製。

調理盆
有直徑24cm、21cm、15cm、10cm四種。不鏽鋼製。可用來打發奶油、混合材料、隔水加熱等，請依不同的用途選擇尺寸。

深型調理盆
直徑21cm×深13cm。不鏽鋼製。主要是以手持打蛋機打發蛋白時使用。

篩網（Strainer）
直徑18cm。不鏽鋼製。用來過篩粉類。

打蛋器
長30cm×寬8cm。鐵絲部分粗而有彈性，很堅固。

手持打蛋機
使用垂直型的攪拌頭。

攪拌刮刀／左
長23cm。由具彈性的堅硬材質所製成的一體成形刮刀。
橡皮刮刀／右
長25cm。以無彈性的柔軟材質製成。可以沿著調理盆刮取麵糊。

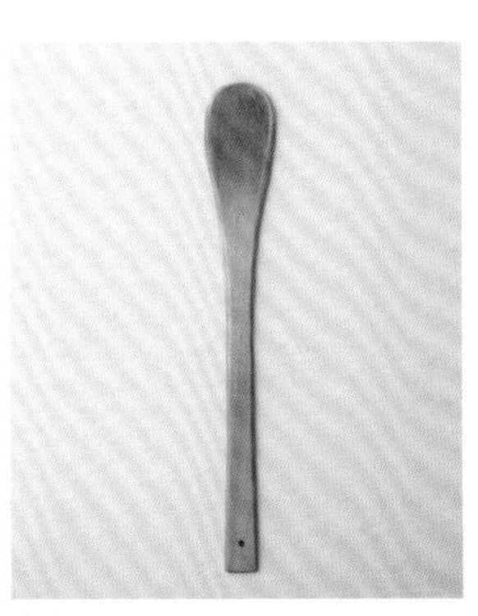

木勺
長30cm。長柄的木勺。製作糖煮果乾或酒漬時使用。

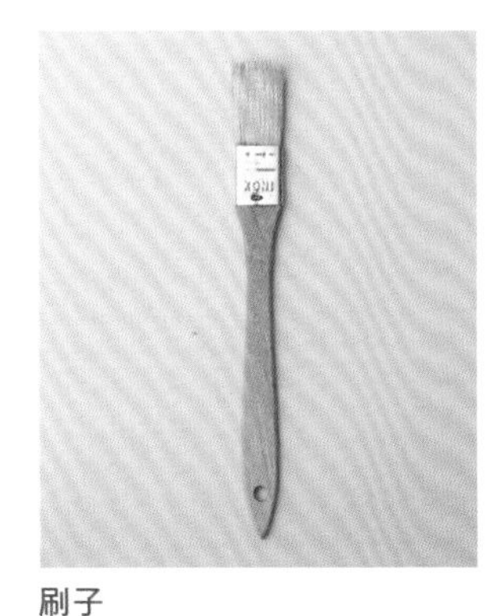

刷子
長25cm×寬2.5cm。刷毛有彈性，握柄是稍微堅硬的材質。時常用來刷糖漿或洋酒。

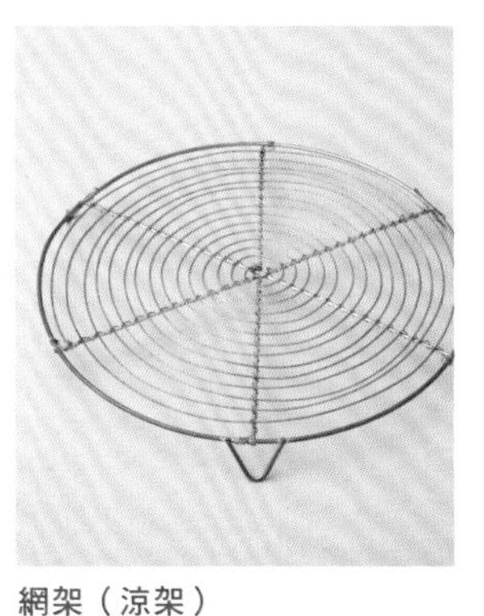

網架（涼架）
直徑24cm至26cm。比磅蛋糕稍微大一點的尺寸。用來放涼烤好後的蛋糕。

以〔打發奶油＋蛋白霜〕製作。

焦糖蘋果磅蛋糕　作法P.38

在打發奶油中加入糖粉或砂糖，
與蛋黃混合後，
再和打發成有直立尖角的緊實蛋白霜混合。

〔打發奶油＋蛋白霜〕的製作重點，於「焦糖蘋果磅蛋糕」中介紹。

焦糖蘋果磅蛋糕

香炒焦糖蘋果為柔軟的蛋糕增添不少甜味和香氣，是相當有人氣的款式。
統一以蘋果作為主角，搭配蘋果茶一起享用吧！

〔麵糊〕
- 蛋白　2顆份
- 砂糖　80g
- 砂糖　60g
- 水　20㎖
- 鮮奶油　60㎖

奶油　140g
蛋黃　2顆份
香炒焦糖蘋果　½顆份
- 低筋麵粉　120g
- 杏仁粉　40g
- 泡打粉　1小匙

〔蘋果白蘭地の糖漿〕
糖漿（參閱P.65）　30㎖
蘋果白蘭地　30㎖

準備
✚模型鋪好A烘焙紙（參閱P.12）。
✚粉類過篩。
✚製作香炒焦糖蘋果（參閱P.70）。
✚製作蘋果白蘭地糖漿。

1 將蛋白放入調理盆中，以手持打蛋機打散。分數次加入砂糖，打發成有直立尖角的緊實蛋白霜。

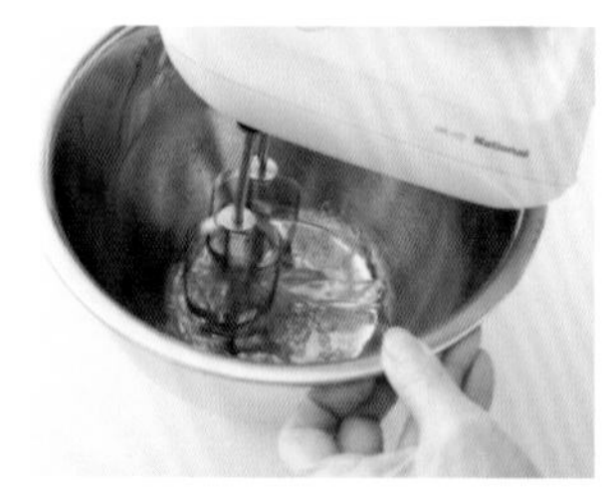
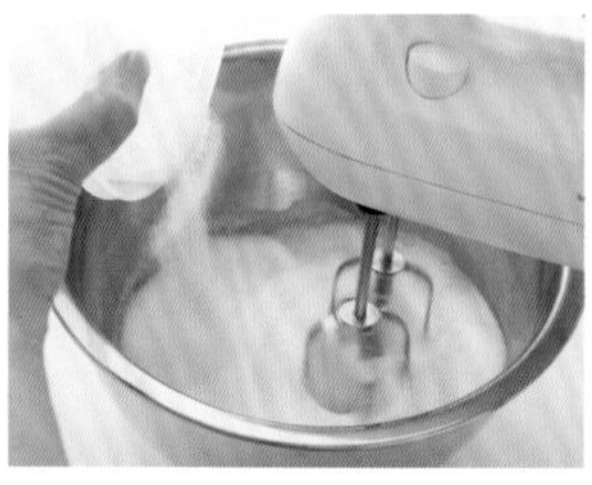

2 將砂糖和水放入鍋中，開火煮至焦化，再加入鮮奶油作成焦糖，作好後倒入另一個調理盆中。

3 將放室溫回溫的打發奶油（參閱P.8）放入調理盆中，以打蛋器打勻。分兩次加入蛋黃，每加一次都要和奶油充分拌勻。

4 將放涼後的步驟**2**加入步驟**3**中，充分拌勻後，加入一半量的蛋白霜，以打蛋器輕輕拌勻。接著加入香炒焦糖蘋果，以攪拌刮刀拌勻後，倒入另一個較大的盆中。

5 將過篩好的粉類再次一邊過篩，一邊加入蛋奶糊中，以攪拌刮刀切拌均勻，加入剩下的蛋白霜，小心地拌勻。

6 將麵糊倒入準備好的模型中，放入烤箱，以180℃烘烤15分鐘，再降溫至170℃，續烤約30分鐘。接著以竹籤刺入蛋糕中，若還有沾黏麵糊的情況，就再多烤幾分鐘。

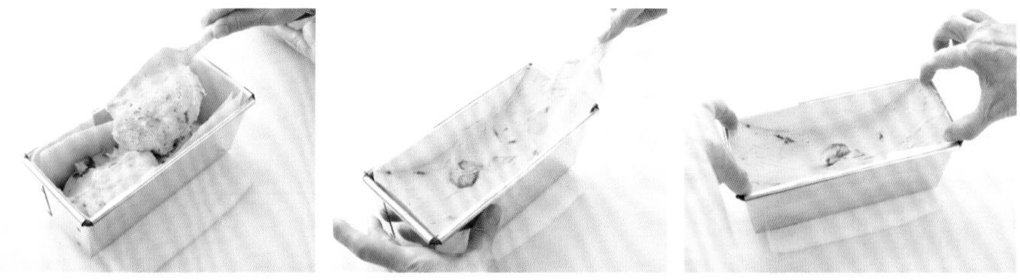

✚將麵糊倒入模型中約填至七分滿，再以刮刀刮成中央下凹，左右兩邊較高的模樣，並輕壓四個角。

7 烤好後，將蛋糕從模型中取出放在涼架上，剝下烘焙紙，趁熱以刷子刷上一層蘋果白蘭地。

✚側面也要刷上糖漿。

栗子奶油磅蛋糕

加入栗子醬、栗子泥，將秋日的氣息烤成風味豐富的蛋糕。乍看之下極具歐風感，但卻能品嘗到和風的滋味，搭配日本茶也很不錯呢！

〔麵糊〕

蛋白　2顆份
砂糖　80g
奶油　140g
糖粉　80g
蛋黃　2顆份
栗子醬（市售品）　40g
栗子泥（市售品）　40g
蘭姆酒　30mℓ
低筋麵粉　120g
杏仁粉　40g
泡打粉　1小匙

白蘭地　60mℓ

準備

✚模型鋪好**A**烘焙紙（參閱P.12）。
✚粉類過篩。
✚將栗子醬、栗子泥、蘭姆酒放入調理盆中，隔水加熱（參閱P.70）。

1. 將蛋白放入調理盆中，以手持打蛋機打散。分數次加入砂糖，打發成有直立尖角的緊實蛋白霜。
2. 將放室溫回溫的打發奶油（參閱P.8）放入調理盆中，以打蛋器打勻。分數次加入糖粉，打發至柔軟蓬鬆。
3. 分兩次加入蛋黃，每加一次都要和奶油充分拌勻。
4. 將隔水加熱的栗子醬、栗子泥、蘭姆酒加入步驟**3**中，充分拌勻後，加入一半量的蛋白霜，以打蛋器輕輕拌勻，再倒入另一個較大的盆中。
5. 將過篩好的粉類再次一邊過篩，一邊加入蛋奶糊中，以攪拌刮刀切拌均勻，再加入剩下的蛋白霜，小心地拌勻。
6. 將麵糊倒入準備好的模型中，放入烤箱，以180℃烘烤15分鐘，再降溫至170℃，續烤約30分鐘。接著以竹籤刺入蛋糕中，若還有沾黏麵糊的情況，就再多烤幾分鐘。
7. 烤好後，將蛋糕從模型中取出放在涼架上，剝下烘焙紙，趁熱以刷子刷上一層白蘭地。

五色豆磅蛋糕

這道具有繽紛色彩的趣味磅蛋糕中，包含了糖煮紅豆、甜豌豆、黑豆、白菜豆、紅菜豆等「五色甜豆」，還添加了白豆沙的蜂蜜磅蛋糕，彼此互相融合，呈現出淡雅而柔和的美妙滋味。

〔麵糊〕

- 蛋白　2顆份
- 砂糖　80g

奶油　140g
糖粉　80g
蛋黃　2顆份

- 白豆沙　60g
- 水飴　20g
- 蘭姆酒　15mℓ

- 低筋麵粉　120g
- 杏仁粉　40g
- 泡打粉　1小匙
- 鹽　¼小匙

五色甜豆（市售品）　100g

〔香草糖漿〕

糖漿（參閱P.65）　60mℓ
香草精　適量
果膠（透明，市售品）　適量

準備

✚模型鋪好A烘焙紙（參閱P.12），並鋪上一層五色甜豆（參閱P.70）。
✚粉類過篩。
✚將白豆沙、水飴、蘭姆酒放入調理盆中，隔水加熱。
✚製作香草糖漿。

1 將蛋白放入調理盆中，以手持打蛋機打散。分數次加入砂糖，打發成有直立尖角的緊實蛋白霜。
2 將放室溫回溫的打發奶油（參閱P.8）放入調理盆中，以打蛋器打勻。分數次加入糖粉，打發至柔軟蓬鬆。
3 分兩次加入蛋黃，每加一次都要和奶油充分拌勻。
4 將隔水加熱的白豆沙、水飴、蘭姆酒加入步驟3中，充分拌勻後，加入一半量的蛋白霜，以打蛋器輕輕拌勻，再倒入另一個較大的盆中。
5 將過篩好的粉類再次一邊過篩，一邊加入蛋奶糊中，以攪拌刮刀切拌均勻，再加入剩下的蛋白霜，小心地拌勻。
6 將麵糊倒入準備好的模型中，放入烤箱，以180℃烘烤15分鐘，再降溫至170℃，續烤約30分鐘。接著以竹籤刺入蛋糕中，若還有沾黏麵糊的情況，就再多烤幾分鐘。
7 烤好後，將蛋糕從模型中取出放在涼架上，靜置待涼。將蛋糕高出模型的部分以鋸齒刀切平（參閱P.49），再倒扣脫模，讓底部朝上。剝下烘焙紙，以刷子刷上一層香草糖漿，並在五色豆上刷一層溫熱軟化的果膠。

草莓牛奶磅蛋糕

以紙擠花袋擠出草莓果醬，在蛋糕表面增添花樣。麵糊中還添加煉乳及脫脂奶粉，營造草莓牛奶的風味。果醬會呈現出何種花紋呢？烘烤後的模樣十分令人期待。

〔麵糊〕

- 蛋白　2顆份
- 砂糖　80g

奶油　140g
糖粉　80g
蛋黃　2顆份

- 煉乳　20g
- 水飴　20g
- 香草精　適量

- 低筋麵粉　140g
- 杏仁粉　40g
- 脫脂奶粉　20g
- 泡打粉　1小匙
- 鹽　¼小匙

草莓果醬　40g

準備

✚模型鋪好**A**烘焙紙（參閱P.12）。
✚粉類過篩。
✚將煉乳、水飴、香草精放入調理盆中，隔水加熱。

1 將蛋白放入調理盆中，以手持打蛋機打散。分數次加入砂糖，打發成有直立尖角的緊實蛋白霜。
2 將放室溫回溫的打發奶油（參閱P.8）放入調理盆中，以打蛋器打勻。分數次加入糖粉，打發至柔軟蓬鬆。
3 分兩次加入蛋黃，每加一次都要和奶油充分拌勻。
4 將隔水加熱的煉乳、水飴、香草精加入步驟**3**中，充分拌勻後，加入一半量的蛋白霜，以打蛋器輕輕拌勻，再倒入另一個較大的盆中。
5 將過篩好的粉類再次一邊過篩，一邊加入蛋奶糊中，以攪拌刮刀切拌均勻，再加入剩下的蛋白霜，小心地拌勻。
6 將麵糊倒入準備好的模型中，以裝有草莓果醬的紙擠花袋，大力地在麵糊上畫圖樣（參閱P.70）。放入烤箱，以180℃烘烤15分鐘，再降溫至170℃，續烤約30分鐘。接著以竹籤刺入蛋糕中，若還有沾黏麵糊的情況，就再多烤幾分鐘。
7 烤好後，將蛋糕從模型中取出放在涼架上，剝下烘焙紙，靜置待涼。

無花果磅蛋糕

有著咔嗞咔嗞顆粒口感的無花果，其甜味與巧克力風味的麵糊融為一體，形成極致的美味。無花果果乾的獨特甜味，能帶出更加深層的韻味。

〔麵糊〕
- 蛋白　2顆份
- 砂糖　80g

奶油　140g
糖粉　80g
蛋黃　2顆份
甜巧克力　80g
糖煮無花果　120g
- 低筋麵粉　100g
- 杏仁粉　40g
- 鹽　¼小匙
- 泡打粉　1小匙

糖粉　適量

準備
✚模型鋪好A烘焙紙（參閱P.12）。
✚粉類過篩。
✚製作糖煮無花果（參閱P.71），切成小塊。
✚將切碎的巧克力放入調理盆中，隔水加熱。

1 將蛋白放入調理盆中，以手持打蛋機打散。分數次加入砂糖，打發成有直立尖角的緊實蛋白霜。
2 將放室溫回溫的打發奶油（參閱P.8）放入調理盆中，以打蛋器打匀。分數次加入糖粉，打發至柔軟蓬鬆。
3 分兩次加入蛋黃，每加一次都要和奶油充分拌匀。
4 將隔水加熱融化的甜巧克力加入步驟3中，充分拌匀後，加入一半量的蛋白霜，以打蛋器輕輕拌匀。加入糖煮無花果100g，以攪拌刮刀拌匀，再倒入另一個較大的盆中。
5 將過篩好的粉類再次一邊過篩，一邊加入蛋奶糊中，以攪拌刮刀切拌均匀，再加入剩下的蛋白霜，小心地拌匀。
6 將麵糊倒入準備好的模型中，上面撒上剩餘的糖煮無花果，放入烤箱，以180℃烘烤15分鐘，再降溫至170℃，續烤約30分鐘。接著以竹籤刺入蛋糕中，若還有沾黏麵糊的情況，就再多烤幾分鐘。
7 烤好後，將蛋糕從模型中取出放在涼架上，剝下烘焙紙，靜置待涼。最後以小茶篩輕輕地撒一些糖粉作裝飾。

杏仁焦糖磅蛋糕

杏仁牛軋糖和麵糊中杏仁焦糖醬的香氣層次交融，品嚐時豐富的滋味在口中蔓延開來，令人難以忘懷。杏仁焦糖醬是先將杏仁煮成焦糖狀，再打成泥狀的果醬。

〔麵糊〕

- 蛋白　2顆份
- 砂糖　80g

奶油　140g
糖粉　80g
蛋黃　2顆份

- 杏仁焦糖醬（市售品）　40g
- 蘭姆酒　15㎖

- 低筋麵粉　120g
- 杏仁粉　40g
- 泡打粉　1小匙
- 鹽　¼小匙

杏仁牛軋糖　80g
白蘭地　60㎖

準備

✚模型鋪好**A**烘焙紙（參閱P.12）。
✚粉類過篩。
✚將杏仁焦糖醬、蘭姆酒放入調理盆中，隔水加熱。
✚製作杏仁牛軋糖（參閱P.71）。

1. 將蛋白放入調理盆中，以手持打蛋機打散。分數次加入砂糖，打發成有直立尖角的緊實蛋白霜。
2. 將放室溫回溫的打發奶油（參閱P.8）放入調理盆中，以打蛋器打勻。分數次加入糖粉，打發至柔軟蓬鬆。
3. 分兩次加入蛋黃，每加一次都要和奶油充分拌勻。
4. 將隔水加熱的杏仁焦糖醬、蘭姆酒加入步驟**3**中，充分拌勻後，加入一半量的蛋白霜，以打蛋器輕輕拌勻，再倒入另一個較大的盆中。
5. 將過篩好的粉類再次一邊過篩，一邊加入蛋奶糊中，以攪拌刮刀切拌均勻，再加入剩下的蛋白霜，小心地拌勻。
6. 將麵糊和杏仁牛軋糖交互倒入準備好的模型中，放入烤箱，以180℃烘烤15分鐘，再降溫至170℃，續烤約30分鐘。接著以竹籤刺入蛋糕中，若還有沾黏麵糊的情況，就再多烤幾分鐘。
7. 烤好後，將蛋糕從模型中取出放在涼架上，剝下烘焙紙，趁熱以刷子刷上一層白蘭地。

烤箱大小事

烤箱

烤箱預先加熱至指定的溫度。

我在烤磅蛋糕時，會使用家庭式的烤箱。因為這種烤箱上火強、下火弱，所以要先準備高4cm左右的有腳網架（可以使用烤箱附的網架或放涼用的涼架），再放上裝有麵糊的模型。上方的熱氣會穿過網架往下方流動，再利用下火的熱氣，使熱風適當地在烤箱內循環，使蛋糕烤得更扎實漂亮。

將麵糊倒入磅蛋糕模時，常因為只能倒至模具目測約七分滿的程度，而剩下一些麵糊。此時剩餘的麵糊，可倒入紙製或矽膠製的馬芬膜、瑪德蓮模內烘烤，完整使用不浪費，也可增加外型上的變化趣味。

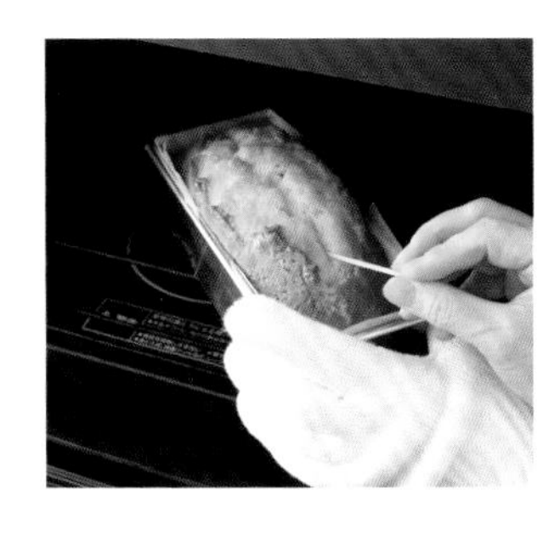

烘烤方式

不同的麵糊需要不同的烘烤時間。一般以180℃烘烤15分鐘，再降溫至170℃，續烤約30分鐘為主。不過每種蛋糕適合的溫度不同，也有一直以同一種溫度烘烤的類型。烘烤30分鐘左右，蛋糕表面便會成形。這時將模型前後反轉，蛋糕會烤得更平均漂亮。烘烤時的模型很燙，不要忘了戴隔熱手套，以免燙傷。預設時間結束以後，以竹籤刺入蛋糕中，若還有沾黏麵糊的情況，就再多烤幾分鐘。

另一種方法是隔水烘烤。這種方法要將模型用鋁箔紙包好（參閱P.73），放在有深度的深烤盤中央，再倒入約模型⅓高的熱水，放入預熱至150℃的烤箱中，蒸烤約60分鐘，若希望能在蛋糕表層形成色澤，可以在最後階段將烤箱的溫度調高至200℃。

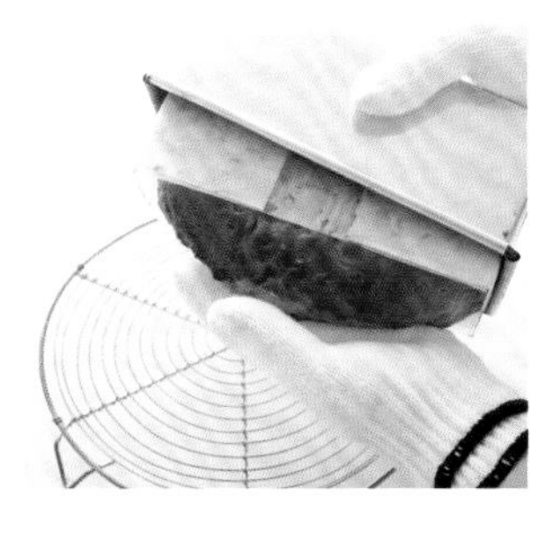

烘烤完成

烤好後，將磅蛋糕從模型中取出，放在網架（涼架）上，靜置待涼。有些蛋糕會需要以鋸齒刀將膨脹的部分切平，或不脫模直接放涼。

烤好的蛋糕可在表面刷上一層糖漿、白蘭地、淋醬或撒糖粉等方法作裝飾。

粉類中含有杏仁粉、杏仁膏的磅蛋糕，或以巧克力、蛋白霜製作麵糊的磅蛋糕，皆須耐心等待蛋糕熟成，才能呈現出極致的美味。建議在蛋糕放涼後，先以保鮮膜包起來，放入冷凍庫中熟成一晚後再享用。

B1 以〔融化奶油＋全蛋〕製作。

週末磅蛋糕 作法P.48

咖啡週末磅蛋糕 作法P.48

混合蛋液和砂糖後，
以手持打蛋機打發至柔軟蓬鬆，
再加入隔水加熱的融化奶油攪拌均勻。

〔融化奶油＋全蛋〕的製作重點，於「週末磅蛋糕」中介紹。

週末磅蛋糕／咖啡週末磅蛋糕

一種散發著檸檬香氣；一種則帶有微苦的咖啡風味磅蛋糕。
法國的磅蛋糕代表作——週末磅蛋糕，正如其名，是很適合在週末製作的甜點。

週末磅蛋糕

〔麵糊〕

全蛋　3個
砂糖　180g
檸檬皮屑　½顆份
｜低筋麵粉　180g
｜泡打粉　1小匙
奶油　180g

杏桃果膠（市售品）　適量

〔糖霜〕

糖粉　110g
｜檸檬汁　15mℓ
｜水　15mℓ

準備

✚模型鋪好**B**烘焙紙（參閱P.12）。
✚粉類過篩。
✚將奶油放入調理盆中，隔水加熱融化（參閱P.9）。
✚製作糖霜（參閱P.65）。

1 將全蛋放入調理盆中，以打蛋器打散，加入砂糖，隔水加熱使砂糖溶化。拿離熱水，加入檸檬皮屑，以手持打蛋機打發至偏白且柔軟蓬鬆，再倒入另一個較大的調理盆中。

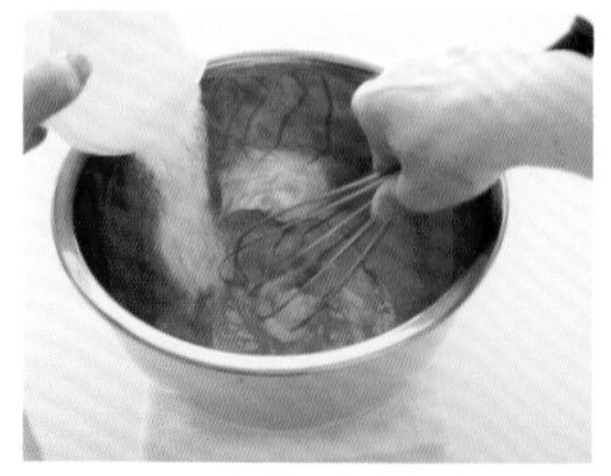

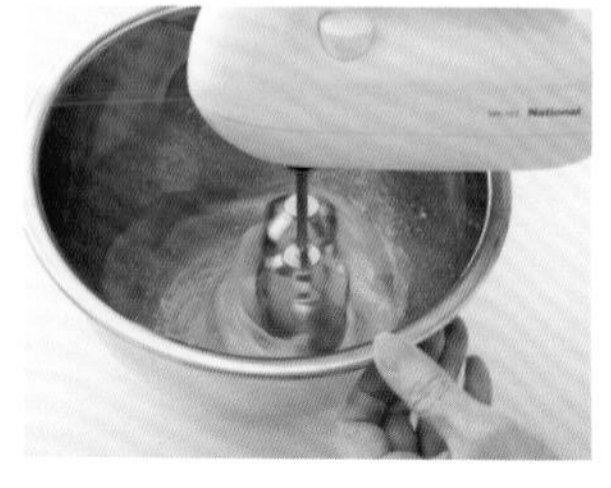

2 將過篩好的粉類取一半的量，再次一邊過篩，一邊加入蛋液中，以刮刀攪拌均勻，再加入一半的溫熱融化奶油拌勻。

3 將剩下的粉類一邊過篩，一邊加入，再加入剩餘的融化奶油，仔細地攪拌到整體麵糊都均勻。

4 將麵糊倒入準備好的模型中，放入烤箱，以170℃烘烤約50分鐘。
接著以竹籤刺入蛋糕中，若還有沾黏麵糊的情況，就再多烤幾分鐘。

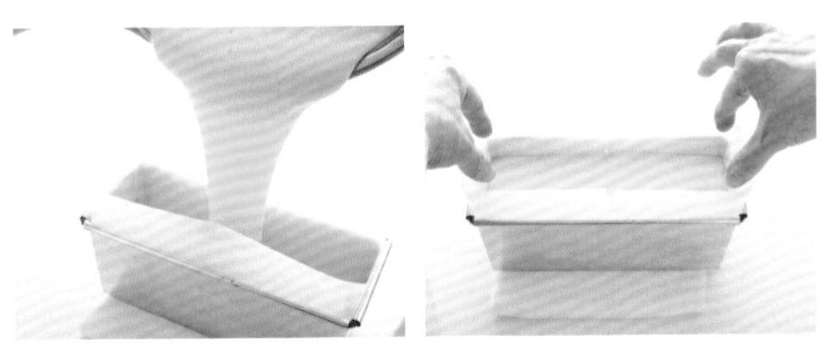

✚麵糊倒入模型中填充至七分滿，並輕壓四角。

5 烤好後，連同模型一起放在涼架上待涼。接著將蛋糕高出模型的部分以鋸齒刀切平，
再倒扣脫模，剝下烘焙紙，將底部四邊的直線切圓。
拿取模型時，因為溫度很高，別忘了要戴隔熱手套。

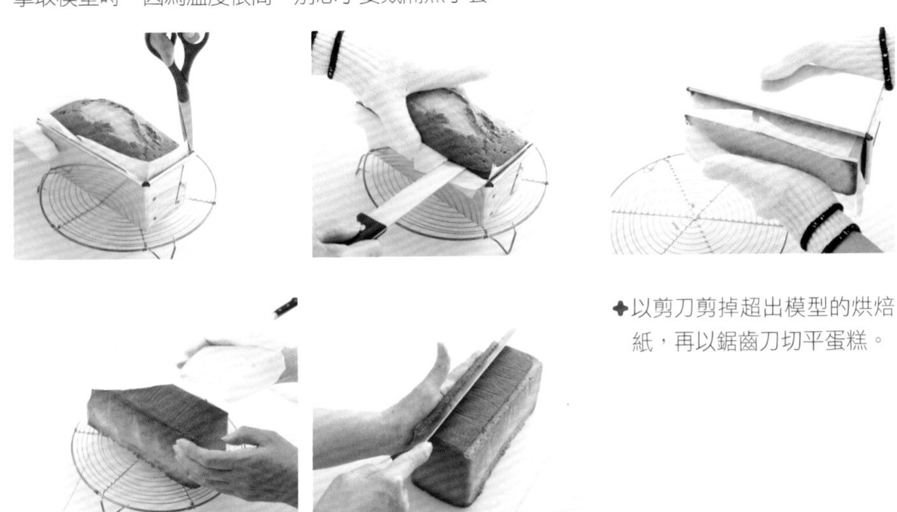

✚以剪刀剪掉超出模型的烘焙紙，再以鋸齒刀切平蛋糕。

6 將加熱軟化的杏桃果膠刷在整塊磅蛋糕上，待表面乾燥後，再以刷子輕輕地刷一層糖霜。
先放在網架上，放入預熱至170℃的烤箱，烤至表面乾燥。

咖啡週末磅蛋糕

作法同「週末磅蛋糕」。但材料中〔麵糊〕的檸檬皮屑½顆份，改成咖啡萃取液1大匙；〔糖霜〕的檸檬汁、水各15㎖，改成水30㎖、咖啡萃取液適量。

✚咖啡萃取液是以即溶咖啡粉5大匙，加水1大匙混合而成。

鬆軟香蕉麵包蛋糕

加入兩根切成粗塊的香蕉，份量十足。糖類選用三溫糖和黑糖，讓蛋糕在香甜的滋味中帶著濃醇香氣。以手撕成塊狀，隨性地品嚐吧！

〔麵糊〕
- 全蛋　2顆
- 蛋黃　1顆份
- 三溫糖　100g
- 黑糖　40g
- 低筋麵粉　160g
- 小蘇打粉　½小匙
- 泡打粉　½小匙
- 鹽　¼小匙
- 奶油　40g
- 牛奶　40mℓ

香蕉　2根

〔奶酥〕
- 杏仁粉　30g
- 低筋麵粉　30g
- 三溫糖　30g
- 肉桂粉　適量
- 奶油　20g

糖粉　適量

準備

✚模型鋪好**B**烘焙紙（參閱P.12）。
✚粉類過篩。
✚三溫糖和黑糖混合拌勻。
✚將奶油和牛奶放入調理盆中，隔水加熱融化（參閱P.9）。
✚製作麵糊前，再將香蕉切成粗塊（參閱P.71）。
✚製作奶酥（參閱P.65）。

1 將全蛋和蛋黃放入調理盆中，以打蛋器打散。加入糖類，隔水加熱使糖溶化。拿離熱水，以手持打蛋機打發至偏白且柔軟蓬鬆，再倒入另一個較大的調理盆中。

2 將過篩好的粉類取一半的量，再次一邊過篩，一邊加入蛋液中，以刮刀攪拌均勻，再加入一半的溫熱融化奶油和牛奶拌勻。

3 將剩下的粉類一邊過篩，一邊加入，再加入剩餘的融化奶油和牛奶。加入切成粗塊的香蕉，仔細地攪拌到整體麵糊都均勻。

4 將麵糊倒入準備好的模型中，上面撒上奶酥，放入烤箱，以180℃烘烤20分鐘，再降溫至170℃，續烤約30分鐘。接著以竹籤刺入蛋糕中，若還有沾黏麵糊的情況，就再多烤幾分鐘。

5 烤好後，將蛋糕從模型中取出放在涼架上，剝下烘焙紙，靜置放涼。最後以小茶篩輕輕地撒上一些糖粉裝飾。

甜味噌磅蛋糕

蛋糕表面的色澤看起來十分迷人！麵糊中加入白味噌、味醂、蜂蜜等調味料，吃起來就像和菓子一樣。將蛋、砂糖、奶油、粉類四大材料，融合成日式和風滋味。

〔麵糊〕

- 全蛋　2顆
- 蛋黃　1顆份

三溫糖　140g

- 低筋麵粉　160g
- 泡打粉　1小匙
- 奶油　60g
- 牛奶　60㎖
- 白味噌　30g
- 味醂　15㎖
- 蜂蜜　20g

熟芝麻　適量

〔香草糖漿〕

糖漿（參閱P.65）　30㎖

香草精　適量

準備

✚模型鋪好**B**烘焙紙（參閱P.12）。

✚粉類過篩。

✚將奶油和牛奶放入調理盆中，隔水加熱融化（參閱P.9）。

✚將白味噌、味醂、蜂蜜放入調理盆中，打散並攪拌均勻（參閱P.71）。

✚製作香草糖漿。

1. 將全蛋和蛋黃放入調理盆中，以打蛋器打散。加入三溫糖，隔水加熱使糖溶化。拿離熱水，以手持打蛋機打發至偏白且柔軟蓬鬆，再倒入另一個較大的調理盆中。
2. 將過篩好的粉類取一半的量，再次一邊過篩，一邊加入蛋液中，以刮刀攪拌均勻，再加入一半的溫熱融化奶油和牛奶拌勻。
3. 將剩下的粉類一邊過篩，一邊加入，再加入剩餘的融化奶油和牛奶。加入打散拌勻的白味噌、味醂、蜂蜜，仔細地攪拌到整體麵糊都均勻。
4. 將麵糊倒入準備好的模型中，上面撒上芝麻，放入烤箱，以180℃烘烤15分鐘，再降溫至170℃，續烤約30分鐘。接著以竹籤刺入蛋糕中，若還有沾黏麵糊的情況，就再多烤幾分鐘。
5. 烤好後，將蛋糕從模型中取出放在涼架上，剝下烘焙紙，趁熱以刷子刷上一層香草糖漿。

熱內亞麵包蛋糕

在模型底部薄薄地鋪上一層杏仁片，經過烘烤後杏仁片散發出十分迷人的堅果香氣。出爐後，蛋糕底部朝上，斜角對半撒上一層糖粉作裝飾就大功告成了！

〔麵糊〕

全蛋　3顆
砂糖　150g
香草精　適量
鹽　1小撮
蘭姆酒　15mℓ
杏仁粉　100g
低筋麵粉　80g
泡打粉　1小匙
奶油　100g

融化奶油　適量
杏仁片　適量
糖粉　適量

準備

✚在模型底部塗融化奶油，撒滿杏仁片，放冰箱冷藏備用（參閱P.71）。
✚粉類過篩。
✚將奶油放入調理盆中，隔水加熱融化（參閱P.9）。

1. 將全蛋放入調理盆中，以打蛋器打散。加入砂糖，打發至柔軟蓬鬆。再加入香草精、鹽、蘭姆酒拌勻。
2. 將過篩好的粉類再次一邊過篩，一邊加入蛋液中，以刮刀攪拌至粉粒消失。
3. 加入溫熱的融化奶油，仔細地攪拌到整體麵糊都均勻。
4. 將麵糊倒入準備好的模型中，放入烤箱，以180℃烘烤20分鐘，再降溫至170℃，續烤約30分鐘。接著以竹籤刺入蛋糕中，若還有沾黏麵糊的情況，就再多烤幾分鐘。
5. 烤好後，連同模型一起放在涼架上待涼。放涼後，將蛋糕高出模型的部分以鋸齒刀切平（參閱P.49），再倒扣脫模，讓底部朝上放在涼架上。擺一張斜的厚紙板，以小茶篩撒上一些糖粉作裝飾。

反烤蘋果磅蛋糕

當蘋果遇見焦糖，烤成微微地焦香，醞釀出甜而濕潤的好味……就如同蘋果派一般，是一款令人聯想到反烤蘋果塔的磅蛋糕。

〔麵糊〕
- 全蛋　2顆
- 蛋黃　1顆份

三溫糖　120g
- 低筋麵粉　140g
- 杏仁粉　40g
- 肉桂粉　½小匙
- 泡打粉　1小匙

奶油　100g

蘋果　1顆

〔焦糖〕
砂糖　60g
水　20mℓ

準備

✚蘋果削皮、去芯後，切成薄片狀。一片片排列在烤盤上，並覆蓋一張鋁箔紙，放入170℃的烤箱中，蒸烤15分鐘（參閱P.72）。

✚模型鋪好B烘焙紙（參閱P.12）。砂糖和水放入鍋中，以中火煮成焦糖狀，倒入模型中。焦糖變硬後，再鋪入蒸烤好的蘋果（參閱P.72）。

✚粉類過篩。

✚將奶油放入調理盆中，隔水加熱融化（參閱P.9）。

1 將全蛋和蛋黃放入調理盆中，以打蛋器打散。加入三溫糖，隔水加熱使糖融化。拿離熱水，以手持打蛋機打發至偏白且柔軟蓬鬆，再倒入另一個較大的調理盆中。

2 將過篩好的粉類取一半的量，再次一邊過篩，一邊加入蛋液中，以橡皮刮刀攪拌均勻，再加入一半的溫熱融化奶油拌勻。

3 將剩下的粉類一邊過篩，一邊加入，再加入剩餘的融化奶油，仔細地攪拌到整體麵糊都均勻。

4 將麵糊倒入準備好的模型中，放入烤箱，以170℃烘烤約50分鐘，再降溫至150℃，烘烤約30分鐘。接著以竹籤刺入蛋糕中，若還有沾黏麵糊的情況，就再多烤幾分鐘。

5 烤好後，連同模型一起放在涼架上待涼。放涼後，將蛋糕高出模型的部分以鋸齒刀切平（參閱P.49），再倒扣脫模，讓底部朝上放在涼架上，剝下烘焙紙。

自家風香料麵包蛋糕

加了生薑、肉桂、荳蔻，還有大茴香的香氣，是一款辛香迷人的蛋糕。其中特別添加了蜂蜜，展現自然的甜味。將蛋糕切成薄片，很適合作為搭配紅酒享用。

〔麵糊〕

- 全蛋　2顆
- 蛋黃　1顆份

金合歡花蜜　200g

- 低筋麵粉　140g
- 杏仁粉　20g
- 薑母粉　1小匙
- 肉桂粉　1小匙
- 荳蔻粉　½小匙
- 大茴香籽　½小匙
- 泡打粉　1小匙
- 小蘇打粉　½小匙
- 鹽　1小撮

奶油　100g

準備

✚模型鋪好**B**烘焙紙（參閱P.12）。

✚粉類過篩。

✚將奶油放入調理盆中，隔水加熱融化（參閱P.9）。

1　將全蛋、蛋黃和蜂蜜放入調理盆中，以打蛋器打散，並隔水加熱使蜂蜜融化（參閱P.72）。拿離熱水，以手持打蛋機打發至偏白且柔軟蓬鬆，再倒入另一個較大的調理盆中。

2　將過篩好的粉類取一半的量，再次一邊過篩，一邊加入蛋液中，以橡皮刮刀攪拌均勻，再加入一半的溫熱融化奶油拌勻。

3　將剩下的粉類一邊過篩，一邊加入，再加入剩餘的融化奶油，仔細地攪拌到整體麵糊都均勻。

4　將麵糊倒入準備好的模型中，放入烤箱，以170℃烘烤約20分鐘。接著以竹籤刺入蛋糕中，若還有沾黏麵糊的情況，就再多烤幾分鐘。

5　烤好後，將蛋糕從模型中取出放在涼架上，剝下烘焙紙，靜置放涼。

咖啡核桃磅蛋糕

蛋糕中擁有滿滿的核桃，酥脆的口感和香氣，帶出蛋糕的美味。以烤海綿蛋糕的方式烘烤，因此蛋糕表面不會產生裂痕。

〔麵糊〕
- 全蛋　2顆
- 蛋黃　1顆份

三溫糖　140g

咖啡萃取液（參閱P.49）　10㎖

- 低筋麵粉　120g
- 杏仁粉　40g
- 泡打粉　1小匙

- 奶油　60g
- 牛奶　60㎖

核桃　80g

蘭姆酒　60g

〔奶酥〕

杏仁粉　20g

低筋麵粉　20g

三溫糖　20g

即溶咖啡粉　1小匙

奶油　20g

白蘭地　60㎖

準備

✚模型鋪好**B**烘焙紙（參閱P.12）。

✚粉類過篩。

✚將奶油和牛奶放入調理盆中，隔水加熱融化（參閱P.9）。

✚製作蘭姆葡萄乾（參閱P.66）。

✚核桃烤熟後，以手剝成小塊。

✚製作奶酥（參閱P.72）。

1. 將全蛋和蛋黃放入調理盆中，以打蛋器打散。加入三溫糖，隔水加熱使糖融化。拿離熱水，加入咖啡萃取液，以手持打蛋機打發至偏白且柔軟蓬鬆，再倒入另一個較大的調理盆中。
2. 將過篩好的粉類取一半的量，再次一邊過篩，一邊加入蛋液中，以橡皮刮刀攪拌均勻，再加入一半的溫熱融化奶油和牛奶拌勻。
3. 將剩下的粉類一邊過篩，一邊加入，再加入剩餘的融化奶油和牛奶。加入核桃60g和蘭姆葡萄乾，仔細地攪拌到整體麵糊都均勻為止。
4. 將麵糊倒入準備好的模型中，上面撒上奶酥，放入烤箱，以180℃烘烤20分鐘，再降溫至170℃，續烤約30分鐘。接著以竹籤刺入蛋糕中，若還有沾黏麵糊的情況，就再多烤幾分鐘。
5. 烤好後，將蛋糕從模型中取出放在涼架上，剝下烘焙紙，趁熱以刷子刷上一層白蘭地。

B2 以〔融化奶油＋蛋白霜〕製作。

巧克力磅蛋糕 作法P.58

當蛋黃和砂糖融合後，
再加入融化奶油拌勻，
最後加入蛋白霜。

〔融化奶油＋蛋白霜〕的製作重點，於「巧克力磅蛋糕」中介紹。

巧克力磅蛋糕

是一款表面酥脆、中央濕潤，口感柔軟膨鬆的磅蛋糕。將香醇微苦的巧克力和奶油一起隔水加熱融化再加入蛋黃拌勻。非常適合搭配咖啡香品嚐的甜點呢！

〔麵糊〕

甜巧克力　120g
奶油　80g
蛋黃　3顆份
砂糖　60g
杏仁粉　60g
蛋白　3顆份
砂糖　60g
低筋麵粉　70g

糖粉　適量

準備

✚模型鋪好**B**烘焙紙（參閱P.12）。
✚低筋麵粉過篩。

1 將切碎的巧克力和奶油放入調理盆中，隔水加熱至融化後，充分拌勻混合，放在熱水上保溫備用。

2 將蛋黃放入另一個調理盆中，以打蛋器打。加入砂糖，再以手持打蛋機打發至偏白且柔軟蓬鬆。將打好的蛋黃加入步驟**1**中，以打蛋器輕柔地攪拌均勻，再一邊過篩，一邊加入杏仁粉，輕輕拌勻。

3 將蛋白打入大調理盆中，打發至泡沫柔軟細緻後，分數次加入砂糖，繼續打發成有直立尖角的緊實蛋白霜。

4 取一半的蛋白霜加入步驟**2**中，以打蛋器輕輕拌勻。
將過篩好的低筋麵粉再次一邊過篩，一邊加入，
以橡皮刮刀拌勻後，加入剩餘的蛋白霜，攪拌至整體麵糊都均勻。

5 將麵糊倒入準備好的模型中，放入烤箱，以170℃烘烤約50分鐘。
接著以竹籤刺入蛋糕中，若還有沾黏麵糊的情況，就再多烤幾分鐘。

✚麵糊倒入模型中約填至七分滿，並輕壓四角。

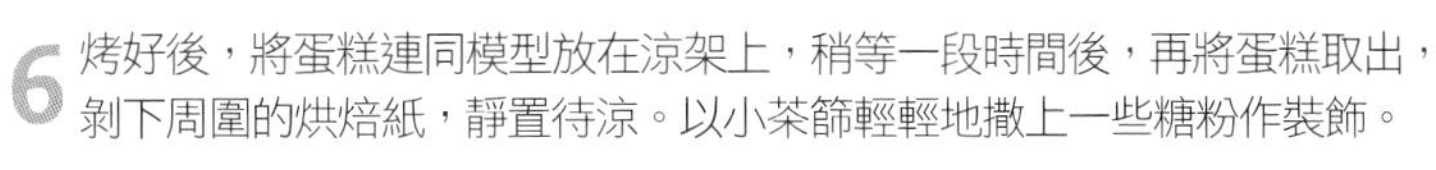

6 烤好後，將蛋糕連同模型放在涼架上，稍等一段時間後，再將蛋糕取出，
剝下周圍的烘焙紙，靜置待涼。以小茶篩輕輕地撒上一些糖粉作裝飾。

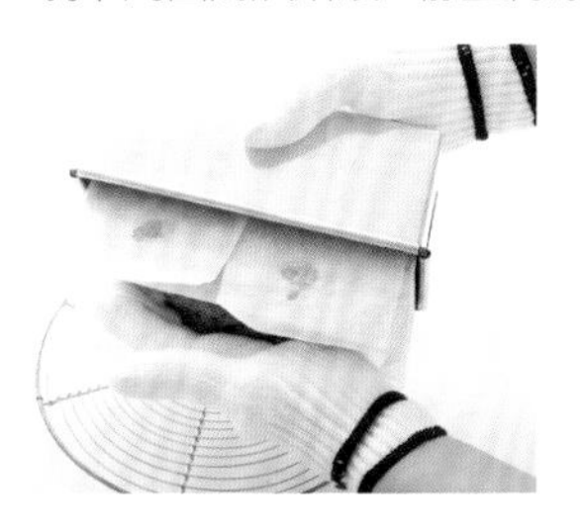

✚拿取模型時，因為溫度很高，一定要戴隔熱手套。

舒芙蕾起司磅蛋糕

以蒸烤方式烘烤而成的舒芙蕾蛋糕。口感不僅蓬鬆、柔軟，濃厚的起司風味也帶來至高無上的美味。入喉後的香氣，讓喜歡起司的人都無法抗拒。

〔麵糊〕
- 奶油起司 200g
- 牛奶 200㎖
- 奶油 20g
- 蛋黃 2顆份
- 檸檬皮屑 ½顆份
- 砂糖 40g
- 低筋麵粉 40g
- 玉米粉 20g
- 鹽 1小撮

牛奶 50㎖
- 蛋白 2顆份
- 砂糖 40g

準備

✚模型鋪好B烘焙紙（參閱P.12）。以鋁箔紙將模型包起來（參閱P.73）。

✚粉類過篩。

✚將奶油放入調理盆中，隔水加熱融化（參閱P.9）。

1 將切碎的奶油起司和牛奶放入調理盆中，充分拌勻後，加入隔水加熱融化的奶油，再隔水加熱備用（參閱P.72）。

2 將蛋黃放入另一個調理盆中，以打蛋器打散。加入檸檬皮屑、砂糖，打發至偏白且濃稠，再加入步驟1中拌勻。

3 將過篩好的低筋麵粉再次一邊過篩，一邊加入蛋黃中，小心地攪拌均勻。再加入熱牛奶拌勻，讓麵糊變稀。

4 蛋白打入另一個調理盆中，打發至泡沫柔軟細緻後，分數次加入砂糖，繼續打發成有直立尖角的緊實蛋白霜。

5 取一半的蛋白霜加入步驟3中，以打蛋器輕輕地拌勻，再加入剩餘的蛋白霜，以橡皮刮刀小心地攪拌均勻。

6 將麵糊倒入準備好的模型中，再放在有深度的深烤盤中央，倒入約模型⅓高的熱水。放入烤箱，以150℃蒸烤約60分鐘。接著以竹籤刺入蛋糕中，若還有沾黏麵糊的情況，就再多烤幾分鐘。最後再將溫度調高至200℃，讓表面上色。

7 烤好後，將蛋糕連同模型放在涼架上，稍等一段時間後，再將蛋糕取出，剝下烘焙紙，靜置待涼。

栗子磅蛋糕

濕潤的蛋糕體，搭配糖漬栗子的組合。每一片蛋糕中，栗子的甜味和巧克力的風味都以絕妙的平衡姿態融合在一起。選用大顆的栗子，是想表現栗子羊羹的風貌。請搭配微苦的煎茶一同享用吧！

〔麵糊〕
- 甜巧克力　90g
- 奶油　70g
- 蛋黃　3顆份
- 砂糖　60g
- 鮮奶油　50㎖
- 蛋白　3顆份
- 砂糖　80g
- 低筋麵粉　80g
- 可可粉　50g
- 糖漬栗子　100g

糖粉　適量

準備

✚模型鋪好**B**烘焙紙（參閱P.12），將切一半的栗子排列在底部，模型以鋁箔紙包起來（參閱P.73）。

✚粉類過篩。

✚將切碎的巧克力和奶油放入調理盆中，隔水加熱融化，充分拌勻後，放在熱水上保溫備用（參閱P.58）。

1. 將蛋黃放入調理盆中，以打蛋器打散。加入砂糖，打發至偏白且濃稠，再加入隔水加熱融化的巧克力和奶油，拌勻後加入鮮奶油，拌勻。
2. 蛋白打入另一個調理盆中，打發至泡沫柔軟細緻後，分數次加入砂糖，繼續打發成有直立尖角的緊實蛋白霜。
3. 取一半的蛋白霜加入步驟1中，以打蛋器輕輕地拌勻，將過篩好的粉類再次一邊過篩，一邊加入，以橡皮刮刀拌勻後，加入剩餘的蛋白霜，攪拌至整體麵糊都均勻。
4. 將麵糊倒入準備好的模型中，放在有深度的深烤盤中央，倒入約模型⅓高的熱水。放入烤箱，以150℃蒸烤約60分鐘。接著以竹籤刺入蛋糕中，若還有沾黏麵糊的情況，就再多烤幾分鐘。
5. 烤好後，將蛋糕連同模型放在涼架上，稍等一段時間後，再將蛋糕取出，剝下烘焙紙，靜置待涼。最後以小茶篩輕輕地撒上一些糖粉作裝飾。

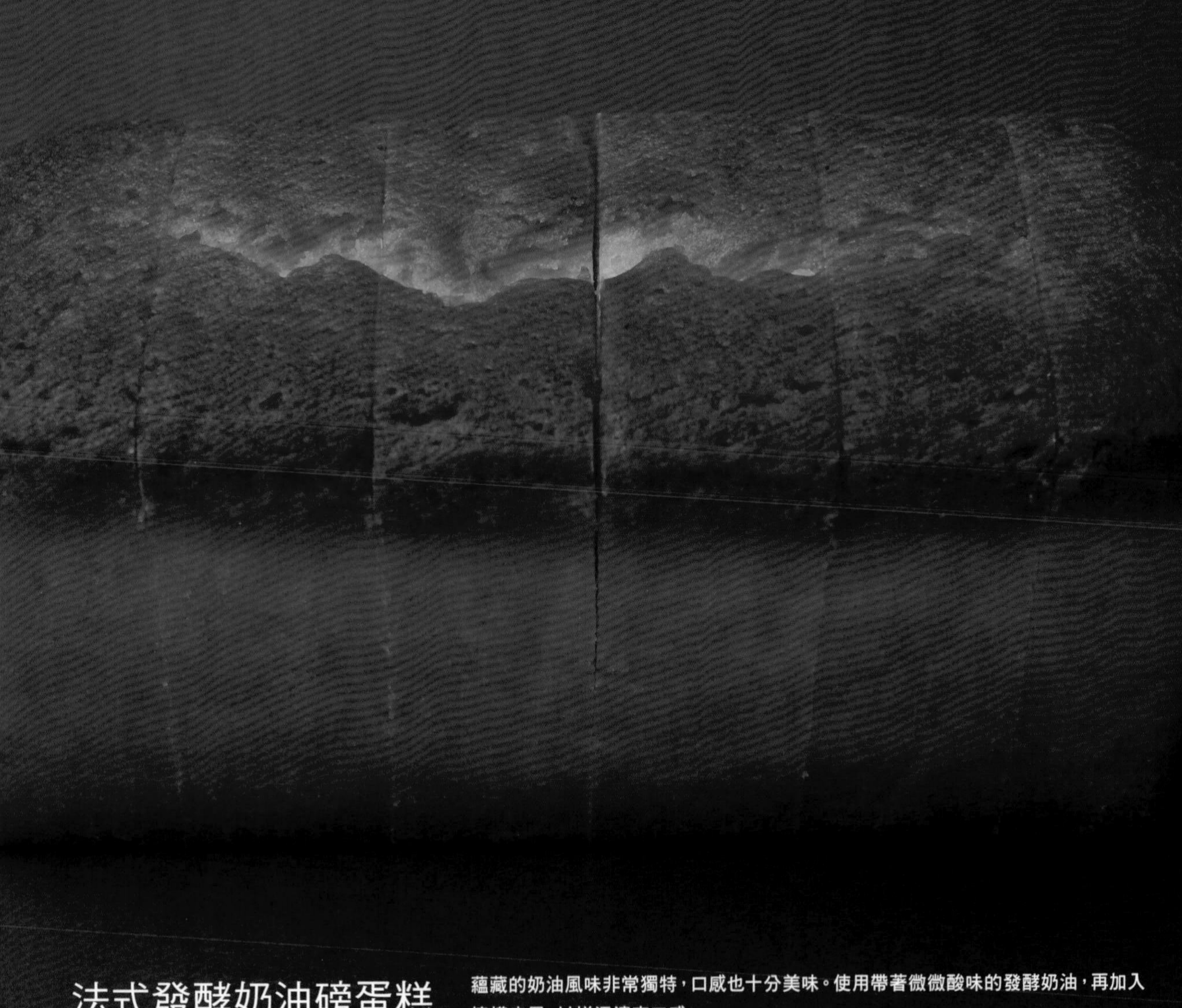

法式發酵奶油磅蛋糕

蘊藏的奶油風味非常獨特，口感也十分美味。使用帶著微微酸味的發酵奶油，再加入檸檬皮屑，以增添清爽口感。

〔麵糊〕

蛋黃　3顆份
砂糖　60g
檸檬皮屑　1顆份
香草精　適量
蛋白　3顆份
砂糖　120g
低筋麵粉　180g
泡打粉　1小匙
鹽　1小撮
發酵奶油　180g

〔君度橙酒糖漿〕

糖漿（參閱P.65）　40ml
君度橙酒　30ml

準備

✚模型鋪好**B**烘焙紙（參閱P.12）。
✚粉類過篩。
✚將奶油放入調理盆中，隔水加熱融化（參閱P.9）。
✚製作君度橙酒糖漿。

1. 將蛋黃放入調理盆中，以打蛋器打散。加入砂糖，打發至偏白且濃稠，再加入檸檬皮屑和香草精，混合拌勻。
2. 蛋白打入另一個調理盆中，打發至整體柔軟蓬鬆後，加入一半的砂糖，充分拌勻後，再次打發至柔軟蓬鬆。分數次加入剩餘的蛋白霜，邊加邊打發成有光澤的緊實蛋白霜。（參閱P.73）。
3. 以打蛋器撈起一大坨蛋白霜，加入步驟1中輕輕拌勻，將一半過篩好的粉類再次一邊過篩，一邊加入，並以橡皮刮刀拌勻。
4. 加入一半隔水加熱融化的奶油，以橡皮刮刀切拌均勻，小心拌勻後，邊過篩邊加入剩餘的粉類，攪拌均勻。
5. 將剩餘的融化奶油加入步驟**4**中拌勻，再加入剩餘的蛋白霜，攪拌至整體麵糊都均勻。
6. 將麵糊倒入準備好的模型中，放入烤箱，以170℃烘烤約50分鐘。接著以竹籤刺入蛋糕中，若還有沾黏麵糊的情況，就再多烤幾分鐘。
7. 烤好後，將蛋糕從模型中取出放在涼架上，剝下烘焙紙，趁熱以刷子刷上一層君度橙酒糖漿。

杏仁磅蛋糕

添加以杏仁和砂糖加工製作而成膏狀的生杏仁膏，再淋上充滿杏桃利口酒風味的糖煮杏桃，最後再以杏仁片作裝飾，香氣四溢，十分誘人！

〔**麵糊**〕

生杏仁膏（市售品）　200g

| 全蛋　2顆
| 蛋黃　2顆份

砂糖　80g

| 蛋白　2顆份
| 砂糖　60g

| 低筋麵粉　80g
| 泡打粉　1小匙

奶油　100g

| 糖煮杏桃★　50g
| ★使用「糖煮果乾」（參閱P.65）中的杏桃。
| 杏桃利口酒　15mℓ

杏仁片　適量

糖粉　適量

準備

✚模型鋪好**B**烘焙紙（參閱P.12）。

✚粉類過篩。

✚將奶油放入調理盆中，隔水加熱融化（參閱P.9）。

✚糖煮杏桃切成粗塊，並淋上杏桃利口酒（參閱P.69）。

1 將軟化的杏仁膏撕成小塊放入調理盆中，分次慢慢加入以打蛋器打散的全蛋和蛋黃，以手持打蛋機打發後，加入砂糖，繼續打發至偏白且柔軟蓬鬆（參閱P.73）後，再倒入另一個較大的調理盆中。

2 蛋白打入另一個調理盆中，打發至泡沫柔軟細緻後，分數次加入砂糖，繼續打發成有直立尖角的緊實蛋白霜。

3 取一半的蛋白霜加入步驟**1**中，以打蛋器輕輕地拌勻，將過篩好的粉類再次一邊過篩，一邊加入，並以橡皮刮刀小心地攪拌至粉粒消失。

4 加入剩餘的蛋白霜，拌勻後，加入隔水加熱融化的奶油，攪拌至整體麵糊都均勻。接著加入淋上杏桃利口酒的糖煮杏桃，輕輕地拌勻。

5 將麵糊倒入準備好的模型中，上面撒上杏仁片，放入烤箱，以180℃烘烤20分鐘，再降溫至170℃，續烤約30分鐘。接著以竹籤刺入蛋糕中，若還有沾黏麵糊的情況，就再多烤幾分鐘。

6 烤好後，將蛋糕從模型中取出放在涼架上，剝下烘焙紙，靜置待涼。最後以小茶篩輕輕地撒上一些糖粉作裝飾。

德式杏仁磅蛋糕

以杏仁的香氣和蘭姆酒的香醇，引出巧克力更加深層的韻味。德式杏仁磅蛋糕同樣是以生杏仁膏製作麵糊，在模型底部先撒滿杏仁角裝飾。

〔麵糊〕

生杏仁膏（市售品） 200g
- 全蛋 2顆
- 蛋黃 2顆份

砂糖 80g
蘭姆酒 15mℓ
香草精 適量
- 蛋白 2顆份
- 砂糖 60g

- 低筋麵粉 60g
- 可可粉 30g
- 泡打粉 1小匙

奶油 100g

- 杏仁角 60g
- 融化奶油 適量

準備

✚模型內部先以刷子刷上一層融化奶油，放入冰箱冰涼後，再撒入杏仁角（參閱P.73）。

✚粉類過篩。

✚將奶油放入調理盆中，隔水加熱融化（參閱P.9）。

1 將軟化的杏仁膏撕成小塊放入調理盆中，以打蛋器打散，慢慢加入全蛋和蛋黃，以手持打蛋機打發。加入砂糖，打發至偏白且柔軟蓬鬆（參閱P.73）。加入蘭姆酒和香草精拌勻，再倒入另一個較大的調理盆中。

2 蛋白打入另一個調理盆中，打發至泡沫柔軟細緻後，分數次加入砂糖，繼續打發成有直立尖角的緊實蛋白霜。

3 取一半的蛋白霜加入步驟1中，以打蛋器輕輕地拌勻，將過篩好的粉類再次一邊過篩，一邊加入，並以橡皮刮刀小心地攪拌至粉粒消失。

4 加入剩餘的蛋白霜，拌勻後，加入隔水加熱融化的奶油，攪拌至整體麵糊都均勻。

5 將麵糊倒入準備好的模型中，放入烤箱，以180℃烘烤20分鐘，再降溫至170℃，續烤約30分鐘。接著以竹籤刺入蛋糕中，若還有沾黏麵糊的情況，就再多烤幾分鐘。

6 烤好後，連同模型一起放在涼架上待涼。放涼後，將蛋糕高出模型的部分以鋸齒刀切平（參閱P.49），再倒扣脫模，讓底部朝上放在涼架上。

以下介紹製作各種磅蛋糕時，基本作法之外的重點。

可以重複運用的食譜

〔糖漿〕

水　300ml
砂糖　300g

將水和砂糖倒入鍋中，開中火煮至沸騰。

✚糖漿放涼後，可以分別加入洋酒、香草精等材料，作成裝飾用糖漿。

〔奶酥〕

將所有的材料放入調理盆中，一邊將粉壓入奶油中，一邊將奶油撕成小塊，以指尖壓碎成碎粒狀。

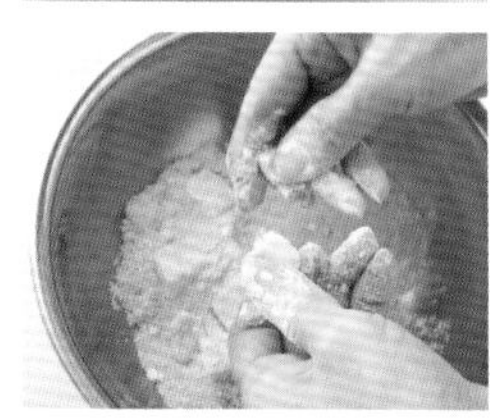

✚改變粉類和砂糖的種類，可以製作適合不同磅蛋糕的奶酥。

〔糖霜〕

將糖粉放入調理盆中，加入水和洋酒等材料，並以攪拌刮刀攪拌至出現光澤。

✚改變蘭姆酒、君度橙酒等洋酒的種類，可以製作適合不同磅蛋糕的糖霜。

〔糖煮果乾〕

水　400ml
砂糖　200g
香草莢　½根
果乾（杏桃、蜜棗）　1kg

將水和砂糖放入鍋中，開中火煮至沸騰，作成糖漿。加入果乾和整枝香草莢，隨時攪拌，煮至果乾變軟。煮好的果乾倒入篩網中，瀝乾水分。

✚糖漿可以重複使用2至3次。

A1 以〔打發奶油＋全蛋〕製作的磅蛋糕

P.18

水果磅蛋糕

〔焦糖〕

砂糖　200g
水　40㎖
水　160㎖

將水和砂糖放入鍋中，開中火煮至砂糖溶化。同時將水放入另一個鍋中，開中火煮至沸騰。待砂糖溶化。變成深焦糖色後即關火，慢慢加入熱水，作成柔滑的焦糖醬。

〔酒漬水果〕

葡萄乾　600g
糖漬橙皮　50g
糖煮蘋果（參閱P.69）½顆份
香蕉　1根
肉桂粉　4g
荳蔻粉　2g
丁香粉　2g
蘭姆酒　60㎖
白蘭地　40㎖

將葡萄乾、糖漬橙皮、糖煮蘋果、切塊的香蕉放入調理盆中，並加入肉桂粉、荳蔻粉、丁香粉，最後加入蘭姆酒、白蘭地混合拌勻。煮沸後，放入保存瓶中。

P.19

蘭姆葡萄磅蛋糕

〔糖煮葡萄乾〕

水　300㎖
砂糖　150g
葡萄乾　1kg
香草莢　¼枝

將水和砂糖放入鍋中，開中火煮至沸騰。加入葡萄乾和整枝香草莢，隨時攪拌，煮至葡萄乾變軟。煮好的果乾倒入篩網中，瀝乾水分。
✚糖漿可以重複使用2次至3次。

〔蘭姆葡萄乾〕

糖煮葡萄乾（參閱上述作法）100g
蘭姆酒　20㎖

將糖煮葡萄乾粗略切碎，並加入蘭姆酒，浸漬一段時間。

P.20

帶皮栗子磅蛋糕

〔糖煮帶皮栗子〕

將糖煮帶皮栗子以指尖壓細碎。

P.21
紅豆磅蛋糕

〔水煮紅豆＋水飴〕
將水煮紅豆和水飴放入較小的調理盆中，拌勻混合，再隔水加熱。

P.22
花生醬磅蛋糕

〔堅果〕
將堅果分散放在烤盤上，放入烤箱中，以160℃烘烤約20分鐘，烤到香氣出來後，放入塑膠袋中，以擀麵棍壓碎。

P.23
紅茶蜜棗磅蛋糕

〔紅茶液〕
茶葉（伯爵紅茶）　10g
熱水　60 mℓ

以熱水沖泡茶葉，浸泡約5分鐘後，以濾巾將茶葉絞乾。

〔糖煮蜜棗乾〕
將「糖煮果乾」（參閱P.65）中的蜜棗乾，切成小塊。

P.24
香料胡桃磅蛋糕

〔胡桃〕
將胡桃分散放在烤盤上後，放入烤箱中，以160℃烘烤20分鐘至30分鐘。烤到香氣出來後，再放入塑膠袋中，以擀麵棍敲碎。

P.25
核桃牛軋糖磅蛋糕

〔核桃牛軋糖〕
將核桃分散放在烤盤上後，放入烤箱中，以170℃烘烤20分鐘至30分鐘，烤到香氣出來後，以手剝碎。將奶油、蜂蜜、砂糖、鮮奶油放入鍋中，以中火煮到泡沫會慢慢破裂的狀態即關火，加入即溶咖啡拌勻，再加入核桃，以木勺攪拌使核桃沾有糖漿後，放置一旁待涼。

P.26
生薑磅蛋糕

〔糖煮生薑〕

嫩薑　70g
水　70 ㎖
砂糖　35g

嫩薑去皮，切薄片放入鍋中，加入水和砂糖，煮至薑變成透明狀。瀝乾水分後，再切成粗粒狀。

P.27
椰香巧克力磅蛋糕

〔巧克力淋醬〕

將甜巧克力切細碎，放入調理盆中，隔水加熱融化。加入稍微煮沸的鮮奶油，拌勻成柔滑的乳霜狀。

〔抹巧克力淋醬〕

先以刷子將香草糖漿刷在烤好的蛋糕上，再以刷子將整塊蛋糕刷上一層巧克力淋醬。

P.28
鹽之花磅蛋糕

〔糖霜〕

蛋糕趁熱以刷子刷上一層君度橙酒糖漿，待放涼後，將糖霜淋在蛋糕上，再撒上鹽（鹽之花）。

P.29
甜地瓜磅蛋糕

〔水煮甜地瓜〕

地瓜　120g
水　200 ㎖

將一半的地瓜切成1公分厚的圓片，剩下的一半切成1公分方塊。切成圓片的地瓜放入鍋中，加入200㎖的水，煮至柔軟後取出。再將切成1公分方塊的地瓜，放入同一個鍋中，煮至柔軟。最後將切圓片的地瓜去皮，並以叉子壓碎。

P.30

杏桃磅蛋糕

〔糖煮杏桃＋利口酒〕

將糖煮杏桃切成粗塊，和利口酒混合拌勻。糖煮杏桃是使用「糖煮果乾」（參閱P.65）中的杏桃。

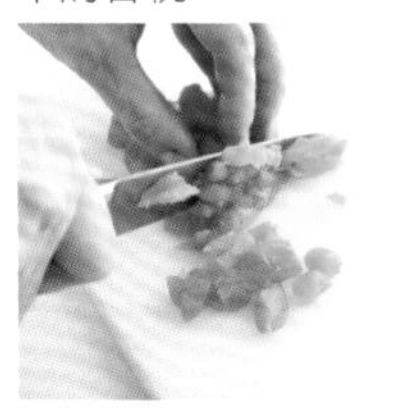

P.31

黑糖磅蛋糕

〔蘭姆酒＋黑糖蜜〕

將蘭姆酒和黑糖蜜放入調理盆中，隔水加熱。

P.32

巧克力香蕉磅蛋糕

〔奶油炒香蕉〕

香蕉剝皮後切成塊狀，再以奶油炒香。

P.33

巧克力大理石磅蛋糕

〔巧克力＋牛奶〕

將甜巧克力放入調理盆中，隔水加熱融化，再加入牛奶拌勻。

P.33

巧克力大理石磅蛋糕

〔製作大理石麵糊〕

取⅓量的麵糊，倒入隔水加熱融化的巧克力和牛奶盆中，拌勻後再倒回原本的麵糊盆，粗略攪拌2次至3次，作出大理石般的花紋。最後倒入模型中，以橡皮刮刀刮成中央下凹，左右兩邊較高的模樣。

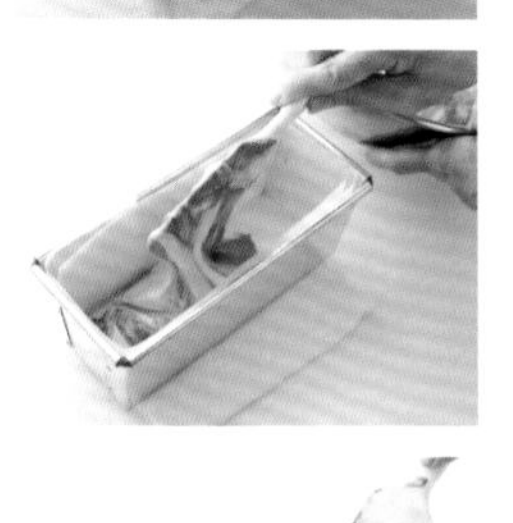

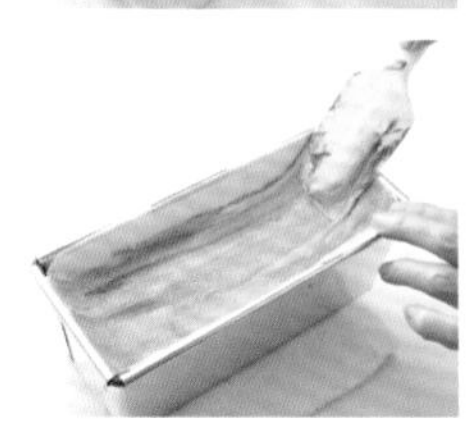

P.34

香料蘋果磅蛋糕

〔糖煮蘋果〕

蘋果　3顆
砂糖　50g
奶油　30g

將蘋果削皮、去芯後，切成16等分，再切成片狀。放入鍋中，加入砂糖和奶油拌勻。拌勻後倒入鍋中，開中火熬煮，煮軟後轉小火，煮至收汁。

〔混合肉桂粉〕

將糖煮蘋果（參閱上述作法）倒入調理盆中，加入肉桂粉拌勻。

以〔打發奶油＋蛋白霜〕製作的磅蛋糕

P.38

焦糖蘋果磅蛋糕

〔香炒焦糖蘋果〕

蘋果　1顆
奶油　5g
砂糖　30g

將蘋果削皮、去芯後，切成16等分。再將奶油放入平底鍋中，加熱融化，並放入蘋果，分兩次加入砂糖，炒成焦糖狀。

P.40

栗子奶油磅蛋糕

〔栗子奶油〕

將栗子泥、栗子醬放入調理盆中拌勻，再慢慢加入蘭姆酒，一邊加入，一邊以攪拌刮刀拌成霜狀，隔水加熱。

P.41

五色豆磅蛋糕

〔鋪五色甜豆〕

將一片模型底部大小的厚紙板，鋪在模型底部，上面再鋪**A**烘焙紙（參閱P.12），最後將五色豆緊密地鋪在烘焙紙上。

P.42

草莓牛奶磅蛋糕

〔以紙擠花袋畫出花紋〕

將草莓果醬放入紙製擠花袋中，如下圖所示，再將開口摺疊封閉，最後在前端以剪刀剪出小洞。在倒入模型的麵糊上豪邁地擠出果醬，畫成花紋。

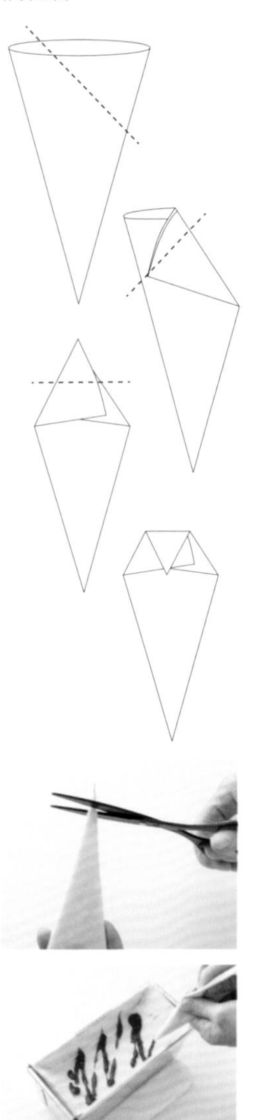

B1 以〔融化奶油＋全蛋〕製作的磅蛋糕

P.43

無花果磅蛋糕

〔糖煮無花果〕

無花果（果乾） 500g
水 60㎖
葡萄汁 250㎖

將無花果切成對半，放入鍋中，加入水和葡萄汁，煮滾後轉小火，繼續煮到柔軟。

P.44

杏仁焦糖磅蛋糕

〔杏仁牛軋糖〕

奶油 15g
砂糖 30g
蜂蜜 30g
鮮奶油 20g
杏仁片 50g

將奶油、砂糖、蜂蜜、鮮奶油放入鍋中，開中火煮至泡泡會慢慢破裂後即關火，並加入杏仁片，並以木勺攪拌均勻，最後倒在烘焙紙上，攤平放涼。

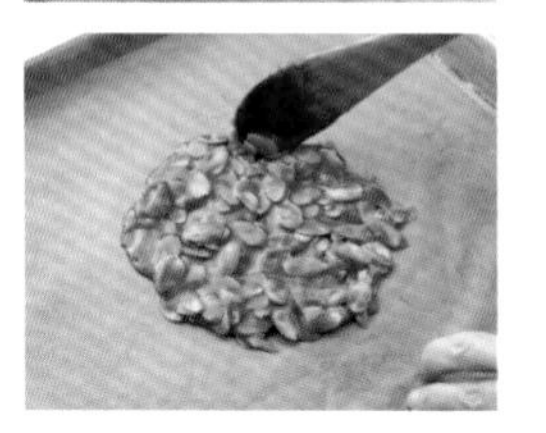

P.50

鬆軟香蕉麵包蛋糕

〔切香蕉〕

將香蕉切成粗粒狀。

P.51

甜味噌磅蛋糕

〔製作甜味噌〕

將白味噌、味醂、蜂蜜放入調理盆中，並以橡皮刮刀拌勻。

P.52

熱內亞麵包蛋糕

〔黏杏仁片〕

以刷子將整個模型刷上一層融化奶油，並撒滿杏仁片，最後放入冰箱冷藏。

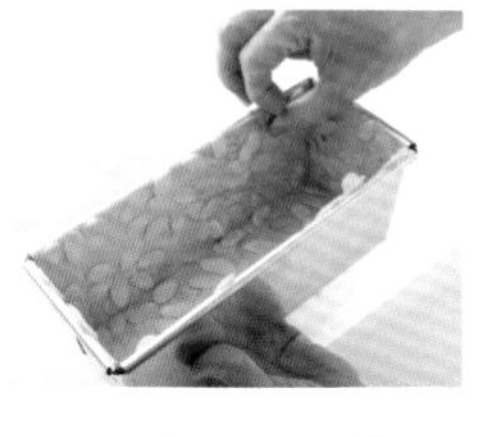

B 2 以〔融化奶油＋蛋白霜〕製作的磅蛋糕

P.53

反烤蘋果磅蛋糕

〔蒸烤蘋果〕

蘋果削皮、去芯後，切成薄片。將蘋果一片片排列在烤盤上，蓋上鋁箔紙。放入烤箱，以170℃蒸烤約15分鐘。

〔鋪排蒸烤蘋果〕

模型鋪一層**B**烘焙紙（參閱P.12）。將砂糖和水放入鍋中，開中火煮至砂糖焦化，作成焦糖，再倒入模型中。待焦糖變硬後，從模型中取出，排入蒸烤蘋果，再將焦糖片放回模型中。

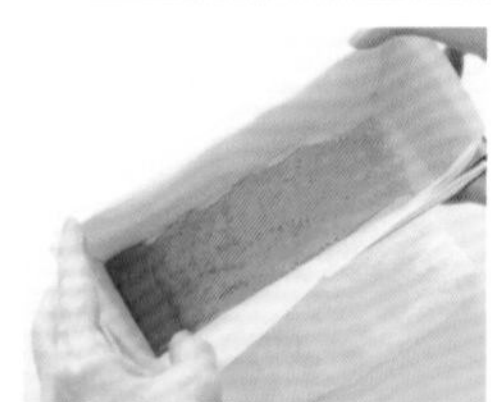

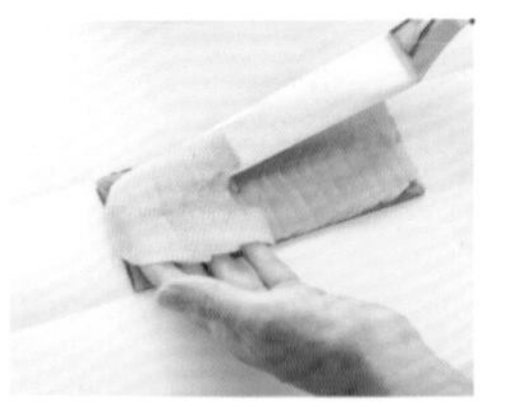

P.54

自家味香料麵包蛋糕

〔融合蜂蜜〕

將全蛋、蛋黃、蜂蜜放入調理盆中，並以打蛋器打散，最後隔水加熱使蜂蜜融入蛋液中。

P.55

咖啡核桃磅蛋糕

〔奶酥〕

將所有材料放入調理盆中，一邊將粉壓入奶油中，一邊將奶油撕成小塊，並壓成碎粒狀。

P.60

舒芙蕾起司磅蛋糕

〔打成乳霜狀，隔水加熱〕

將奶油起司和牛奶放入調理盆中，充分拌勻後，加入隔水加熱融化的奶油，打成乳霜狀，再隔水加熱。

P.61

栗子磅蛋糕

〔鋪排糖漬栗子〕

模型鋪好**B**烘焙紙（參閱P.12），將切成兩半的栗子排列在底部。

〔包裹模型〕

將模型以鋁箔紙包起來。

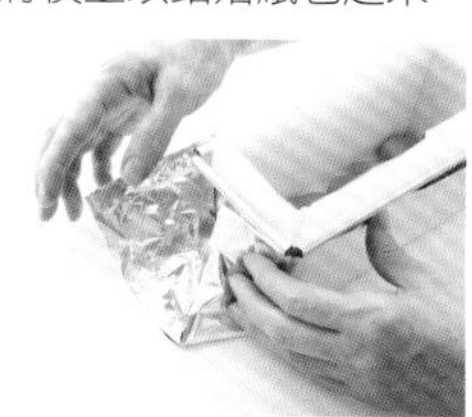

P.62

法式發酵奶油磅蛋糕

〔製作蛋白霜〕

將蛋白打入調理盆中，打發至整體柔軟蓬鬆後，加入一半的砂糖，充分拌勻後，再次打發至柔軟蓬鬆。分數次加入剩餘的蛋白霜，一邊加，一邊打發成有光澤的緊實蛋白霜。

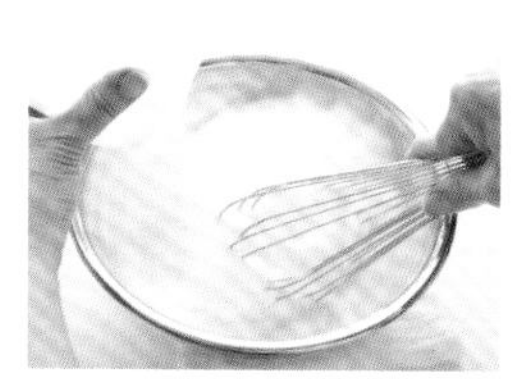

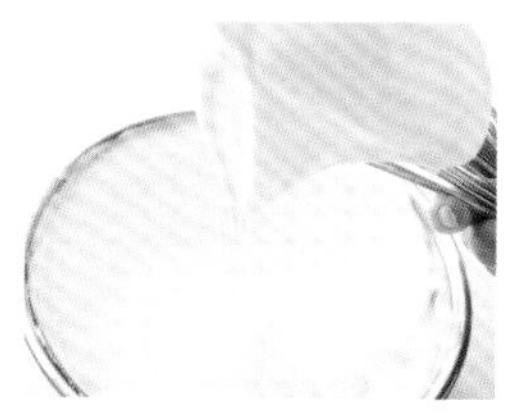

P.63

杏仁磅蛋糕

〔生杏仁膏麵糊〕

將軟化的杏仁膏撕成小塊放入調理盆中，分次慢慢加入以打蛋器打散的全蛋和蛋黃，以手持打蛋機打發後，加入砂糖，繼續打發至偏白且柔軟蓬鬆。

P.64

德式杏仁磅蛋糕

〔黏杏仁角〕

以刷子將整個模型刷上一層融化奶油，放入冰箱冰涼後，再撒上杏仁片。

另一種新作法

以咕咕霍夫模型烘烤。

將磅蛋糕的麵糊以直徑18cm的咕咕霍夫模型烘烤。加入杏仁粉的杏桃磅蛋糕及以蛋白霜烘烤而成的杏仁焦糖磅蛋糕，出爐後，先放入冰箱冷凍一晚，待蛋糕熟成，美味更加倍。

水果磅蛋糕 作法P.18

杏桃磅蛋糕 作法P.30

香橙磅蛋糕 作法P.16

杏仁焦糖磅蛋糕 作法P.44

烘烤方法

1. 在咕咕霍夫模型內刷上一層融化奶油（份量外），放入冰箱冷卻後，再倒入適量高筋麵粉（份量外），轉動模型讓麵粉均勻沾附，最後再將多餘的麵粉敲落到桌上。
2. 將模型放在毛巾上，倒入麵糊，拿起整個模型輕敲，讓空氣排出。放入烤箱中，以180℃烘烤15分鐘，再降溫至170℃，續烤約30分鐘。接著以竹籤刺入蛋糕中，若還有沾黏麵糊的情況，就再多烤幾分鐘。
3. 烤好後，將蛋糕從模型中取出，放在涼架上即可。若是「杏桃磅蛋糕」出爐時，請於外層淋上一層糖霜。

以瑪德蓮模型烘烤。

將磅蛋糕剩餘的麵糊倒入直徑8cm的瑪德蓮模型烘烤。運用蛋糕表面的裝飾增添變化吧！
鋁製的模型不但方便使用，還可以烤出可愛的甜點。

巧克力磅蛋糕 作法P.58

紅豆磅蛋糕 作法P.21

香料蘋果磅蛋糕 作法P.34

烘烤方法

1. 將瑪德蓮模型鋪好烘焙紙，以湯匙舀入麵糊，約填至模型的八分滿。
   ✚ 使用鋁製瑪德蓮模型（市售品）直接舀入麵糊。
2. 配合製作的口味，加入水煮紅豆、拌有肉桂粉的糖煮蘋果等，放入烤箱中，以180℃烘烤25分鐘。接著以竹籤刺入蛋糕中，若還有沾黏麵糊的情況，就再多烤幾分鐘。
3. 烤好後，趁熱刷上一層糖漿，並待放涼後再脫模。配合蛋糕的風味，可以撒些糖粉作裝飾。

結語

了解蛋、砂糖、麵粉、奶油
四種食材的特徵，並想辦法融合四者。
如同連結人與人之間的緣分，
有趣且引人入勝，是我最喜歡作的事。

要如何切分蛋糕？
又要如何擺盤？
在本書拍攝時，
我一邊興奮地為蛋糕打造合適的造型，
一邊將烤好的蛋糕一盤接著一盤擺到鏡頭前，
對於調整造型與擺盤間的平衡感到十分有趣。

若您依照我的食譜實際製作甜點，
並加入自己的創意，
將會讓我感到非常幸福。

今後，哪怕是一人也好，
我希望能將製作甜點的這份喜悅，
傳遞給更多的人。

烘焙良品 63

一個模具
作40款百變磅蛋糕（暢銷版）

作　　者／津田陽子
譯　　者／陳妍雯
發 行 人／詹慶和
選 書 人／Eliza Elegant Zeal
執行編輯／陳昕儀
編　　輯／蔡毓玲・劉蕙寧・黃璟安・陳姿伶
封面設計／韓欣恬・陳麗娜
美術編輯／周盈汝
內頁排版／韓欣恬
出 版 者／良品文化館
郵政劃撥帳號／18225950
戶　　名／雅書堂文化事業有限公司
地　　址／220新北市板橋區板新路206號3樓
電子信箱／elegant.books@msa.hinet.net
電　　話／(02)8952-4078
傳　　真／(02)8952-4084

2017年5月初版　2020年6月二版一刷　定價 280元

經銷／易可數位行銷股份有限公司
地址／新北市新店區寶橋路235巷6弄3號5樓
電話／（02）8911-0825
傳真／（02）8911-0801

國家圖書館出版品預行編目(CIP)資料

1個模具作40款百變磅蛋糕 / 津田陽子著；陳妍雯譯. -- 二版. -- 新北市：良品文化館, 2020.06
　面；　公分. -- (烘焙良品；63)
譯自：津田陽子のパウンドケーキ：お菓子作りで楽しい週末を!
ISBN 978-986-7627-24-7(平裝)

1.點心食譜

427.16　　109006584

staff

發 行 者／大沼　淳
書籍設計／若山嘉代子　L'espace
攝　　影／日置武晴
造　　型／高橋みどり
校　　對／小野里美・山脇節子
撰　　文／横田典子
編　　輯／成川加名予・浅井香織（文化出版局）

天然食材 × 細緻手感
烘焙一室暖熱香甜的幸福味

超低卡不發胖點心、酵母麵包
米蛋糕、戚風蛋糕……
讓你驚喜的健康食譜新概念。

本圖摘自
《無法忘懷的樸實滋味京都人氣麵包「たま木亭」烘焙食譜集》

烘焙良品 01
好吃不發胖低卡麵包
作者：茨木くみ子
定價：280元
19×26 cm・80頁・彩色

烘焙良品 02
好吃不發胖低卡甜點
作者：茨木くみ子
定價：280元
19×26 cm・80頁・彩色

烘焙良品 05
自製天然酵母作麵包
作者：太田幸子
定價：280元
19×26 cm・96頁・彩色

烘焙良品06
163道五星級創意甜點
作者：横田秀夫
定價：580元
19×26 cm・152頁・彩色+單色

烘焙良品09
新手也會作・吃了會微笑的起司蛋糕
作者：石澤清美
定價：280元
21×26 cm・88頁・彩色

烘焙良品 10
初學者也 ok！自己作職人配方の戚風蛋糕
作者：青井聡子
定價：280元
19×26 cm・80頁・彩色

Taste・賞味01
法式甜點完全烘焙指南
作者：大山榮藏
定價：480元
19×26 cm・144頁・彩色

烘焙良品 16
美味限定・幸福出爐！
在家烘焙不失敗の手作甜點書
作者：杜麗娟
定價：280元
21×28 cm・96頁・彩色

烘焙良品 24
學作麵包の頂級入門書
作者：辻調理師集團學校：
梶原慶春・浅田和宏
定價：480元
19×26 cm・200頁・彩色

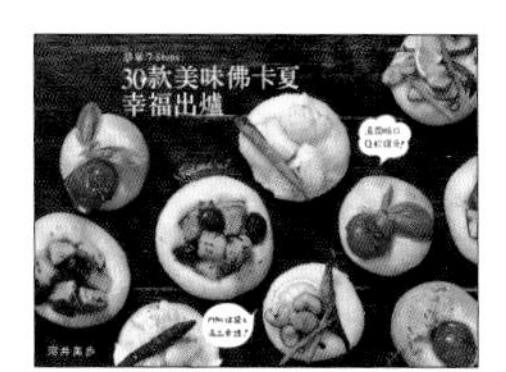

烘焙良品 68
簡單7Steps！
30款美味佛卡夏幸福出爐
作者：河井美歩
定價：280元
26×19 cm・104頁・彩色

烘焙良品69
菓子職人特選甜點製作全集
作者：岡田吉之
定價：1200元
19×26 cm・336頁・彩色

烘焙良品70
簡單作零失敗の
純天然暖味甜點
作者：藤井恵
定價：280元
21×26 cm・80頁・彩色

烘焙良品71
誕生於法國的
天使之鈴可露麗
作者：熊谷真由美
定價：280元
19×26 cm・104頁・彩色

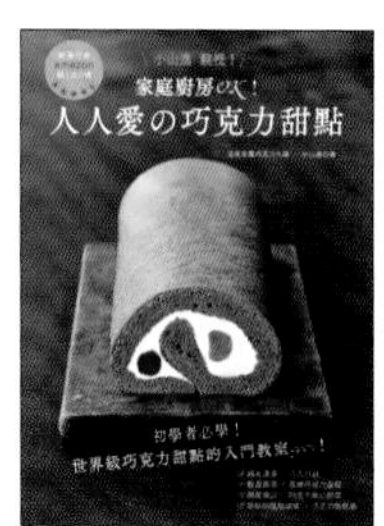

烘焙良品 72
家庭廚房OK！
人人愛の巧克力甜點
作者：小山進
定價：300元
19×26 cm・80頁・彩色

烘焙良品 73
紅豆甜點慢食光
甜而不膩的幸福味
作者：金塚晴子
定價：350元
19×26 cm・104頁・彩色

烘焙良品74
輕鬆親手作好味
餅乾・馬芬・磅蛋糕
作者：坂田阿希子
定價：300元
21×26 cm・88頁・彩色

烘焙良品75
擠花不NG！
夢幻裱花蛋糕BOOK
超過20種花式擠花教學
作者：福田淳子
定價：380元
19×26 cm・136頁・彩色

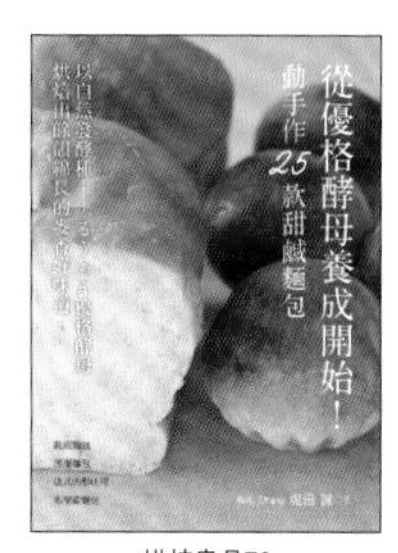

烘焙良品76
從優格酵母養成開始！
動手作25款甜鹹麵包
作者：堀田誠
定價：350元
19×26 cm・96頁・彩色

烘焙良品 77
想讓你品嚐の
美味手作甜點
作者：菅野のな
定價：300元
21×19.6 cm・96頁・彩色

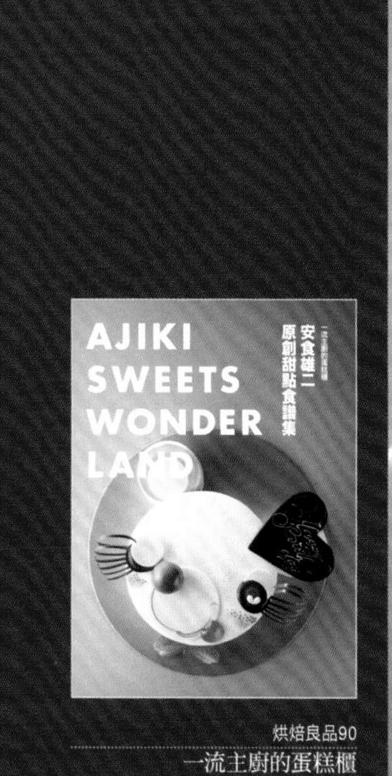

烘焙良品90
一流主廚的蛋糕櫃
安食雄二原創甜點食譜集
作者：安食雄二
定價：800元
18.2 × 25.7 cm・224頁・彩色

Tsuda Yoko's POUND CAKE recipe